生活·讀書·新知 三联书店

星云法语 05

人间有花香

自觉

星云大师 著

图书在版编目(CIP)数据

人间有花香:自觉/星云大师著. —北京:生活·读书·新知三联书店,2015.5
(星云法语)
ISBN 978-7-108-05237-7

Ⅰ.①人… Ⅱ.①星… Ⅲ.①个人—修养 Ⅳ.①B825

中国版本图书馆CIP数据核字(2015)第016556号

责任编辑 罗 康
封面设计 储 平
责任印制 卢 岳 张雅丽
出版发行 生活·讀書·新知 三联书店
(北京市东城区美术馆东街22号)
邮 编 100010
印 刷 三河市嘉科万达彩色印刷有限公司
版 次 2015年5月北京第1版
2015年5月北京第1次印刷
开 本 880毫米×1230毫米 1/32 印张 7.625
字 数 160千字
印 数 00,001—12,000册
定 价 28.00元

总序　十把钥匙

星云大师

《星云法语》是我在台湾电视公司、“中国电视公司”、“中华电视公司”三十年前的“三台时代”，为这三家电视台所录像的节目。后来在《人间福报》我继《迷悟之间》专栏之后，把当初在三家讲述的内容，再加以增补整理，也整整以三年的时间，在《人间福报》平面媒体与读者见面。

因为我经年累月云水行脚，在各地的佛光会弘法、讲说，断断续续撰写《星云法语》，偶有重复，已不复完全记忆。好在我的书记室弟子们，如满义、满观、妙广、妙有、如超等俄而提醒我，《人间福报》的存稿快要告罄了，由于我每天都能撰写十几则，因此，只要给我三五天的时间，我就可以再供应他们二三个月了。

像这类的短文，是我应大家的需要在各大报纸、杂志上刊登，以及我为徒弟编印的一些讲义，累积的总数，已不下两千万字了。《星云法语》，应该说是与《迷悟之间》、《人间万事》同一性质的短文，都因《人间福报》而撰写。承蒙读者鼓励，不少人希望结集成书，香海文化将这些文章收录编辑，文字也有百余万字，共有十集，分别为：一、精进；二、正信；三、广学；四、智慧；五、自觉；六、正见；

七、真理；八、禅心；九、利他；十、慈悲。

这套书在《人间福报》发表的时候，每篇以四点、六点，甚至八点阐述各种意见，便于记忆，也便于讲说，有学校取之作为教材。尤其我的弟子、学生在各处弘法，用它作为讲义，都说是得心应手。

承蒙民视电视台也曾经邀我再比照法语的体裁，为他们多次录像，并且要给我酬劳。其实，只要有关弘法度众，我都乐于结缘，所以与台湾的四家无线电视台都有因缘关系。而究竟《星云法语》有多大的影响力，就非我所敢闻问了。

承蒙知名学者李家同教授、洪兰教授、台中胡志强市长，以及善女人赵辜怀箴居士，为此套书写序，一并在此致谢。

是为序。

于佛光山开山寮

推荐序一　宗教情怀满人间

李家同

星云大师的最新著作《星云法语》十册套书，香海文化把部分的文稿寄给我，邀我为序。8月溽暑期间，我自身事务有些忙碌；但读着文稿里星云大师的话，却能感觉到欢喜清凉。

《星云法语》里面有一篇我很喜欢，其中写道："要有开阔包容的心胸、要有服务度生的悲愿、要有德学兼具的才华、要有涵养谦让的美德。"

多年来我从事教育工作，希望走出狭义的精英校园空间，真正帮忙各阶层弱势学生。看着莘莘学子，我想我和星云大师的想法很接近吧，就是教育一定要在每个角落中落实，要让最弱势的学生，能个个感受到不被忽略、不受到城乡资源差别待遇。

青年教育的目的，不就是教育工作者，希望能教养学生，成为气度恢弘的国民吗？

为勉励青年，星云大师写下"青年有强健的体魄，应该发心多做事，多学习，时时刻刻志在服务大众，念在普度众生，愿在普济社会"。

星云大师的话，让我想起《圣经》里的箴言：

“有了信心，又要加上德行；有了德行，又要加上知识；有了知识，又要加上节制；有了节制，又要加上忍耐；有了忍耐，又要加上虔敬；有了虔敬，又要加上爱弟兄的心；有了爱弟兄的心，又要加上爱众人的心。”(《圣经·彼得后书》)

宗教情怀，就是超越一切的普济精神。人间的苦难，如果宗教精神无以救济，那么信仰宗教毫无意义。不论是佛陀精神，或是基督精神，以慈爱的心处世，我想原则上没有什么不同。尤其是青年人，更应细细体会助人爱人的真谛，在未来起着社会中坚的作用。这样，我们现在办的教育，才真正能教养出“德学兼具”的青年，让良善能延续，社会上充满不汲汲于名利，助人爱人的和谐气氛。

香海文化出版的《星云法语》，收录了精彩法语共计1080篇，每一篇均意味深长，适合所有人用以省视自己，展望未来。“现代修行风”不分基督、佛陀，亲切的圣人教诲，相信普罗大众都很容易心领神会。

如今出版在即，特为之序。

（本文作者为台湾暨南大学教授）

推荐序二　安心与开心

洪　兰

在乱世，宗教是人心灵的慰藉，原有的社会制度瓦解了，一切都无法制、无规章，人民有冤无处伸，只有诉诸神明，归诸天意，以求得心理的平衡。所以在东晋南北朝时，宗教盛行，士大夫清谈，把希望寄托在另一个世界。历史证明那是不对的，这是一种逃避，它的结果是亡国。智者知道对现实的不满应该从改正不当措施做起，众志可以成城，人应该积极去面对生命而不是消极去寄望来生。星云大师就是一个积极入世的大师，他在海内外兴学，风尘仆仆到处弘法，用他的智慧来开导世人，他鼓励信徒从自身做起，莫以善小而不为，当每个人都变好时，这个社会自然就好了。这本书就是星云大师的话语集结成册，印出来嘉惠世人。

人在受挫折、有烦恼时，常自问：人生有什么意义，活着干什么？大师说，人生的意义在创造互惠共生的机会，这个世界有因你存在而与过去不同吗？科学家特别注重创造，就是因为创造是没有你就没有这个东西，没有莫扎特就没有莫扎特的音乐，没有毕加索就没有毕加索的画，创造比发现、发明的层次高了很多，人到这个世上就是要创造一个双赢的局面，不但为己，也要为人。英文谚语有一句：Success is when you add the value to yourself. Significance is when you add the value to others. 只有对别人也有利时，你的成功才是成功。所以大师说，生命在事业中，不在岁月上；在思想中，不在气息上；在感觉中，不在时间上；在内涵中，不在表相上。这是我所看到谈生命的意义最透彻的一句话。

挫折和灾难常被当作上天的惩罚，是命运的错误；其实挫折和灾难本来就是人生的一部分，不经过挫折我们不会珍惜平顺的日子，没有灾难不会珍惜生命。人是高级动物，是大自然中的一分子，不管怎么聪明、有智慧，还是必须遵行自然界的法则，所以有生必有死，完全没有例外。但是人常常参不透这个道理，历史上秦始皇、汉武帝这种雄才大略的人也看不到这点，所以为了求长生不老，倒行逆施，坏了国家的根基，反而是修身养性的读书人看穿了这点。宋代李清照说“今手泽如新，而墓木已拱……然有有必有无，有聚必有散，乃理之常。人亡弓，人得之，又胡足道”。看透这点，一个人的人生会不一样，既然带不走，就不必去收集，应该想办法去用有限的生命去作出无限的功业。

一个入世的宗教，它给予人希望，知道从自身做起，不去计较别人做了什么，只要去做，世界就会改变。最近有法师用整理回收物的方式带信徒修行，他不要信徒捐献金钱，但要他们捐献时间去回收站做义工，从行动中修行。我看了这个报道真是非常高兴，因为研究者发现动作会引发大脑中多巴胺(dopamine)这个神经传导物质的分泌，而多巴胺跟正向情绪有关，运动完的人心情都很好，一个跳舞的人即使在初跳时，脸是板着的，跳到最后脸一定是笑的。所以星云大师劝信徒，从动手实做中去修行是最有效的修行，对自己对社会都有益。

在本书中，大师说生活要求安心，心安才能体会人生的美妙，才听得到鸟语，闻得到花香，所以修行第一要做到心安，既然人是群居的动物，必须要和别人往来，因此大师教导我们做人的道理，列举了人生必备的10把钥匙，书的最后两册是要大家打开心胸，利他与慈悲，与一句英谚 You can give without loving, you can never love without giving 相呼应。不论古今中外，智者都看到施比受更有福。

希望这套书能在目前的社会中为大家浮躁的心灵注入一股清泉，人生只要心安，利人利己地过生活，在家出家都一样在积功德了。

（本文作者为台湾阳明大学神经科学研究所教授）

推荐序三 法钥匙神奇的佛

胡志强

星云大师，是我一直非常尊敬与佩服的长者。

长久以来，星云大师所领导主持的佛光山寺与国际佛光会，闻声救苦，无远弗届，为全球华人带来无尽的希望与爱。

大师的慈悲智慧与宗教情怀，让许多人在彷徨无依时，找到心灵的依归。另一方面，我觉得大师潇洒豁达、博学多闻，无论是或不是佛教徒，都能从他的思想与观念上，获得启迪。

星云大师近期出版的《星云法语》，收录了大师1080篇的法语，字字珠玑，篇篇隽永。

我很喜欢这套书以"现代佛法修行风"为诉求，结合佛法与现代人的生活，深入浅出地阐释。尤其富有创意的是，以十册"法语"打造了十把"佛法钥匙"，打开读者心灵的大门，带领我们从不一样的角度，去发现与体会生活中的点点滴滴。

以《旅游的意义》这篇文章为例：

"……就像到美国玩过，美国即在我心里；到过欧洲度假，欧洲也在我心里，游历的地区愈丰富，就愈能开阔我们的心灵视野。

当我们从事旅游活动时，除了得到身心的纾解，心情的愉悦之外，还要进一步获得宝贵的知识。除了外在的景点外，还可以增加一些内涵，作一趟历史文化探索之旅，看出文化的价值，看出历史的意义。

比方这个建筑是三千年前，它历经什么样的朝代，对这些历史文化能进一步赏析后，那我们的生命就跟它连接了。”

“我们的生命就跟它连接了”这句话，让我印象十分深刻，生动描述了“读万卷书，行万里路”，正是一种跨越时空的心灵宴飨。

在《快乐的生活》一文中，大师指点迷津。他说：“名和利，得者怕失落，失者勤追求，真是心上一块石头，患得患失，耿耿于怀，生活怎么能自在？”

因此“身心要能健康，名利要能放下，是非要能明白，人我要能融和”。

在《欢喜满人间》这篇文章中，大师指出：人有很多心理的毛病，例如忧愁、悲苦、伤心、失意等。佛经形容人身难得如“盲龟浮木”，一个人在世间上一年一年地过去，如果活得不欢喜，没有意义，那又有什么意思？如何过得欢喜、过得有意义？

他提出几点建议：“要本着欢喜心做事，要本着欢喜心做人，要本着欢喜心处境，要本着欢喜心用心，要本着欢喜心利世，要本着欢喜心修行。”

看到此处，我除了一边检视自己在日常生活中做到了多少？另一方面，也希望把“欢喜心”的观念告诉市府同仁，期许大家在服务市民时认真尽责之外，还能让民众体会到我们由衷而发的“欢喜心”。

而《传家之宝》一篇中所提到的观点，也让为人父母者心有戚戚焉。

大师说：一般父母，总想留下房屋田产、金银财富、奇珍宝物给子女，当作是传家之宝；但是也有人不留财物，而留书籍给予子女，或是著作“家法”“庭训”，作为家风相传的依据。乃至禅门也有谓“衣钵相传”，以传衣钵，作为丛林师徒道风相传的象征。

他认为“传家之宝”有几种：包括宝物、道德、善念与信仰。到了现代，书香、善念、道德、信仰更可以代替钱财的传承，把宗教信仰传承给子弟，把善念道德传给儿孙，把教育知识传给后代。

“人不能没有信仰，没有信仰，心中就没有力量。信仰宗教，如天主教、基督教、佛教等，固然可以选择，但信仰也不一定指宗教而已，像政治上，你欢喜哪一个党、哪一个派、哪一种主义，这也是一种信仰；甚至在学校念书，选择哪一门功课，只要对它欢喜，这就是一种信仰。有信仰，就有力量，有信仰，就会投入。能选择一个好的宗教、好的信仰，有益身心，开发正确的观念，就可以传家。”

细细咀嚼之后，意味深长，心领神会。

星云大师一千多篇好文章，深刻而耐人寻味，我在此只能举出其中几个例子。很感谢大师慷慨分享他的智慧结晶，让芸芸众生也有幸获得他的“传家之宝”。

在繁忙的生活中，每天只要阅读几篇，顿时情绪稳定、思考清明、心灵澄静。有这样的好书为伴，真的“日日是好日”！

（本文作者为台中市市长）

推荐序四　人生的智慧和导航

赵辜怀箴

我一直感恩自己能有这个福报，多年来能跟随在大师的身边，学习做人和学习佛法。每一次留在大师身边的日子里，都可以接触到许多感动的心，和感动的事；每一次都会让我感觉到，这个世界真的是非常的可爱。

大师说：他的一生就是为了佛教。这么多年来，大师就这样循循地督促着自己，为此，马不停蹄地一直在和时间做竞跑。大师的一生，一向禀持着一个慈悲布施、以无为有的胸怀，做大的人，做大的事。如果想要问大师会不会和我们一样斤斤计较？我想他唯一真正认真计较的事，就是，对每一天的每一分和每一秒吧！

在大师的一生里，大师从来不允许自己浪费任何一分一秒的时间；无论是在跑香、乘车、开会、会客或者进餐；大师永远都是人在动，心在想，手在做，眼观六路，耳听八方，把1分钟当10分钟用；在高效率中不失细腻，细腻中不失大局，大局中不失周全；周全里，充满了的是大师对每一个人无微不至的关怀和体贴。

大师自从出家以来，只要是为了弘法，大师从来不会顾及自己的健康和辛苦，数十年如一日，南奔北走，不辞辛劳地到处为信徒开示演讲；只要有多余的时间，大师就会争取用来执笔写稿；年轻时也曾经为了答应送一篇文稿给出版社，连夜乘坐火车，由南到北。大师从年轻时就非常重视文化事业，大师也坚信用文字来度众生的重要。大师一生一诺千金，独具宏观，不畏辛苦，忍辱负重，在佛教界树立了优良的榜样，对现代佛教文化事业得以如此的发达，具有相当肯定的影响力。到目前为止，大师出版的中英文书籍，已经不下数百本。

记得在20世纪60年代的时候，大师鉴于电视弘法不可忽视的力量，即刻决定要自己出资，到电视公司录制作晚上8点档的《星云法语》，使其成为台湾第一个在电视弘法的节目。我记得大师的《星云法语》是在每天晚间新闻之后立即播出，播出的时间是5分钟，节目的制作，既“精”又“简”。节目当中，配合着简单明了的字幕，听大师不急不缓地娓娓道来，让观众耳目一新，身心受益。

这个节目播出之后，立即受到广大观众的喜爱和回响。大师告诉我，在节目播出之后不久，由于收视率很好，电视公司自动愿意出资，替大师制作节目；大师从此不但有了收入，也因此多了一个电视名主持人的头衔。这个《星云法语》的电视节目，也就是今天所出版的《星云法语》的前身。

佛光山香海文化公司精心收录的《星云法语》即将出版。这一条佛法的清流，是多年来星云大师为了这个时代人心灵的需求，集思巧妙地运用生活的佛教方式，传授给我们无边的法宝。每一篇，每一个法语，星云大师都透过对细微生活之间的体认，融合了大师在佛法上精深的修行智慧。深入浅出地诠释，高明地把佛法当中的精要，很自然地交织在生活的细致之间，用生活的话，明白地说出现代佛法的修行风范，让读者有如沐浴在法语春风之中的感觉，很自然地呼吸着森林里散发出来的清香，在每一个心田里默默地深耕着。等待成长和收割的喜悦，沐浴着太阳和风，是指日可待的。

今承蒙香海文化公司的垂爱，赐我机会为《星云法语》套书做序，让我实在汗颜；几经推辞，又因香海文化公司的盛情难却，只有大胆承担，还请各位前辈、先学指正。我在此恭祝所有《星云法语》的读者，法喜充满。

（本文作者为国际佛光会世界总会理事）

目 录

卷一 人间有花香

卷二　最好的供养

卷三　识人之要

卷一 | 人间有花香

花是艺术的美丽使者，

千姿百态的花朵，

蕴含着各式各样的性格，

使花在人间留下了永恒不谢的生命。

人间有花香

人间需要有花香，美丽的花没有人不爱，芬芳的花香也没有人不欢喜，因为各种花朵的绽放，万紫嫣红、芳香馥郁，而把世界装点得无比的缤纷美丽。有时候，一个人很美、很有道德，我们就把他比喻成花；花，不但能丰富我们的生活，更能使我们借花寄情，美化我们的心意。花和宇宙人生有着密切的关系，在我们的生活里，花扮演着重要的角色，也美化了我们的人生。例如新春佳节、开会宴客，摆上一盆花，顿觉满室芬芳、生意盎然；又如开幕祝贺、生日送礼、迎接亲友、探望病患等各种场合，带上一束花，也能表达我们无限的情意，所以，人间需要有花香。以下有四点看法：

第一，花，点缀了平凡的人间

花是大自然最美丽的生命，是我们居家最好的装饰，也是人生最佳的点缀。所谓“平常一样窗前月，才有梅花便不同”。花以它的娇艳、芬芳、清净，丰富了大自然与人类的精神生命，让这个平凡的人间增添了许多的色彩，到处都充满了花的灿烂、花的芬芳。

第二，花，展现了生命的光彩

以佛法的观点来看，一期一期的花开花谢，正是人生的最佳写照。一朵花绽放了，就好像是一个生命诞生了，看到花的开放而感受到生命的价值；一旦花谢了，也能让我们体悟到人生苦空无常，而把握当下的人生。在一期的生命里，我们如何和花一样尽情地奔放，发挥生命的极致，为大地和人间洒下灿烂美丽的光彩？这是我们必须向花学习的精神。

第三，花，诠释了不同的人生

花是艺术的美丽使者，千姿百态的花朵，蕴含着各式各样的性格，使花在人间留下了永恒不谢的生命。各种人用不同的花来比喻，甚至于闲花野草，都可诠释出不同的人生。如宋儒周敦颐的《爱莲说》将花与人的性格、身份作了巧妙的结合，借以表明心志，他以“陶渊明爱菊……世人甚爱牡丹……予独爱莲之出淤泥而不染”，来譬喻“陶渊明为隐士如菊花、世人爱富贵如牡丹，吾则宁为君子如莲花”。所以，花能诠释不同的人生。

第四，花，表达了人情的真义

每个人都爱花，花不但可以供人欣赏，也能传达情意，各式各样的花语花意，增添了人我往来的情意。如玫瑰代表爱情，百合代表友谊，康乃馨代表母爱，牡丹代表富贵，兰花代表高洁……因此，有人以花表明心志，有人以花倾诉爱慕之情，有人以花表达无限哀思，有人以花恭贺对方，有人以花祝福对方……佛法也常用花来比喻，例如有一部佛经叫《妙法莲华经》，妙法就如同莲花，所以人间需要有花香。

花与佛教也有很深厚的因缘，花的清净、柔软、美丽，最能代表虔诚恭敬的心，如佛教徒借花献佛，香花一瓣，供养十方，以代表无限的诚意。花不但可作为佛菩萨圣洁的象征，也是佛教徒与诸佛菩萨之间沟通的桥梁。佛教更主张，尽管娑婆世界如淤泥般的浑浊，我们自己也要坚持做一朵清净的莲花。

受欢迎的人

在社交场合里，常见有一种现象，只要某人一出现，现场气氛马上热络，笑声不断，这种能带动气氛的人，总是到处受人欢迎。反之，有的人，只要他一出现，本来欢娱的气氛，空气一下子就凝固起来，这种人走到哪里，都不受人欢迎。如何才能成为受人欢迎的人，有四点意见：

第一，令人害怕不如令人喜爱

有些主管、长辈，喜欢以权威来建立别人对他的敬畏。其实一个人太过威严，令人一见，望而生畏，这不一定很好。“令人害怕”是因为别人畏惧你的权力、势力，不敢得罪你，反而容易与你生疏；“令人喜爱”则容易受人欢迎，让人愿意亲近你，与你相交。因此，令人害怕不如令人喜爱，至少令人喜爱，表示我在别人心中是个好人。

第二，令人喜爱不如令人赞美

有时候喜爱一个人，却说不出喜爱他什么？这是不行的。“令人喜爱”有时候只因意气相投，或因你的外表讨喜，让人看了顺眼，或是你不与他唱反调，凡事听话好配合；“令人赞美”则是因为你有优点，让人欣赏，因此，令人喜爱不如令人赞美。我们喜爱一个人，就要能赞美他，如他很慈悲、他很负责任、他很有礼貌、他很随和、他很公平、他很有忍耐、他很肯吃亏……能令人赞美的人，表明自己是有优点的。

第三，令人赞美不如令人尊敬

有些人虽然令人赞美，却不受人尊敬，这样也不好。“令人赞美”是因为你很能干，很有学问，却不见得能让人尊敬；“令人尊敬”则是因你的品德、风范、为人处世让人信服，因此令人赞美不如令人尊敬。令人尊敬的人，自然受人爱戴，为人所重视。

第四，令人尊敬不如令人怀念

我们尊敬一个人，但是当他离开以后，日子一久便忘记了；有的人则让我们一辈子也忘不了他。“令人尊敬”有时属接触性的因缘，当别人与你共处时尊敬你、敬重你，分开了却不见得会怀念你；“令人怀念”则是一辈子的事，有许多朋友虽然相隔两地，数十年未见，仍然令人怀念。好比许多刻骨铭心的往事，让人终生难以忘怀。因此，令人尊敬，不如令人怀念。

每个人，不论职务高低或种族差异，都希望自己能受人重视，被人尊敬，做个受欢迎的人，然而受人欢迎容易，受人尊敬则难；有的人让人敬畏，有的人让人放心，有的人令人喜欢，有的人令人怀念。

君子之格

每个人都希望自己有好名声，古之君子柳下惠坐怀不乱，受人赞叹；唐朝魏征为谏臣君子，佳风典范流传至今。“君子”一词，原本指贵族子弟，后来演变成特指进德修业有成的人。一般人都想做为大众所称叹的君子，都不想做被人鄙视的小人。怎样才能成为君子？君子和一般人有什么不同？在此提出君子的四种风格：

第一，气象要高旷，不可以疏狂

君子有坦荡荡的胸怀，朗然面对一切事物，对世间感情充沛，而不逾越，为人高旷豁达，而不疏狂狷啸。平常有威仪、气度，和宽宏的心量；他虽然有超乎一般人的高旷眼界，行为却不会因此狂妄不羁，待人仍是彬彬有礼，行事进退合度，态度不威不惧，可亲可敬。

第二，心思要细密，不可以琐碎

君子做事大处着眼，小处着手，带有长远的眼光看事，纵观大局，而不失省察。用心很细密，凡事思前顾后，左右商量，思一得十，四面周全。但对于无关紧要的琐碎之事，则尽量减少，大事、要事果断缜密，小事、琐事简明扼要；纠葛之事避免，繁复之事化简，在细密之中不拖泥带水，做得恰到好处。

第三，趣味要雅淡，不可以枯寂

君子有雅淡而不枯寂的风格，他有淡泊的高风，也有济人利物的性格，不显得太过繁茂，也不会太过枯寂。就好像严冬里会有梅花绽放，在酷热的夏天里，也有南风吹拂。君子所行是“居轩冕之中，不可无山林的趣味；处林泉之下，须要怀廊庙的经纶”，其嗜好不会太浓艳，亦不会太枯寂，即所谓中庸之道。

第四，操守要严明，不可以激烈

君子遇事不忧惧，也不以激烈的方式处决。文天祥言：“天地有正气，杂然赋流行”，做人最要紧的是顾念自己的操守，不畏权势，不惧恶势力的压迫，凡威吓利诱，都不会动摇自己的信念。不过，钢刀虽硬，容易有缺口，操守虽严明，行事仍须圆融，不可有太过偏激的思想、行为。

君子的风度

社会上有两种人，一种是“君子”，一种是“小人”。怎样的人才是“君子”？君子行事光明正大、诚而有信，能够成人之美，也常常雪中送炭。《佛光菜根谭》说：“君子能用忍耐的力量处众，担当的力量负责，亲和的力量待人，禅定的力量安心。”除此，君子的特性还有四点：

第一，遇到横逆来而不怒

一般人在受了冤屈、侮辱时，常常表现得暴跳如雷。但做一个君子，当他遭遇到一些事故、横逆时，虽然也会觉得不称心、不如意。不过他不会表现在外面，他能够接受、反省、担当、处理，甚至将之视为“当然的”逆增上缘。如富楼那尊者赴蛮荒地区布教，虽遭野蛮迫害却能谦逊自省，而甘之如饴，不减弘法悲愿。

第二，遇到变故起而不惊

我们在世间求生存，对外必须忍受自然环境的困难与考验，内心也必须面对生离死别、忧悲苦恼的试炼。身为君子，当他遇到变故时，不会恐慌、惊惧，因为他平时遵守纲常纪律，待人处世慈悲正直，而且能以超然的智慧，见到因缘的生灭无常与世间实相。因此，一旦变故来了，他能起而不惊，临危不乱，不会因险遇而改变心情，时时泰然自若，显现出处变不惊、庄敬自强的气度。

第三，遇到非常谤而不辩

君子遇到非常的事故，如别人突然毁谤他、打击他，他都能谤而不辩，因为他明白“是非以不辩为明”，不辩才能止谤，如果辩解，反而“愈描愈黑”；谤而不辩才是君子之风。

第四，遇到苦事做而不怨

君子不论从事多辛苦、多困难的工作，都能任劳任怨、做而不怨，他不会发牢骚，更不会怨恨。因为他深知“先耕耘而后有收获”的因果，而能够“吃苦当作吃补”。他不但从辛勤劳务或人所不欲的委屈忍耐中，点滴积累个人的福德因缘，也因广结善缘而成就了自他两利、福国济人的事业。

一个君子、一个能干的人，他对于人间的各种好和不好，幸与不幸的事情，不会有太大的起伏与选择，因为他能明白因果，具有正知正见的智慧。

君子之德

有四件事一去不回：出口之言、发出之箭、过去之时、忽略之机。因为时空、因缘、进退掌握不得当，所以经常听到有人后悔："我失算了""我失礼了""我失言了"，或是"如果这样、那样的话，就不至于失败了"……这都是出于没有实时观察当下的情况。因此，佛光山斋堂里有副对联写着："吃现前饭，当思来处不易；说事后话，唯恐当局者迷"。一位君子应谨慎以下这四点：

第一，君子不失足于人

君子识人有道，观察入微，所以不轻易上当。因为君子心中谨记"一失足成千古恨，再回头已百年身"，因此，他待人接物谨守其道。知色之危，所以不会失足于仙人跳；知道行情，所以不会被巧言所鼓动；不存贪心，钱财不会被人骗走；自有明见，事业不会被人拖垮，所以君子不失足于人。

第二，君子不失色于人

君子重视修养身心，经常保持气定神闲的姿态。无论仪容、应对、交接，以及个人生活、饮食、动静、作息……都是庄重大方，有规律，有条理，不轻率。尤其在人前保持一定风度，以优雅美好的行仪处理事情，不轻易将喜、怒、哀、乐流露在颜面上，更不会举止失态，自乱阵脚，这是君子不失色于人。

第三，君子不失口于人

古人有谓："一言以兴邦，一言以丧邦"，特别是外交家，岂可不慎？君子讲话也是如此。他不寻人之短，不伤人之痛，也不讽刺争斗，更不矜张怪诞。他以丰富的常识、智慧，培养自己风格人品，所言之语，中肯诚挚，令人折服，幽默有度，而不失据。所以，有道有德的君子不失口于人。

第四，君子不失善于人

君子与人来往，都是以道相交，以德为谋。所谓君子有成人之美，凡是善美之事，在能力之内，总是促其成就；朋友有难，也会力挺相助；君子以仁爱为怀，宁可自己吃亏，也不让他人上当，或不利于人。所以君子爱人以德，君子做人以善。

这四点君子不失之德，是我们学习的方向。

君子之品

君子有什么品格？君子有克勤克俭的品格，有勤学不倦的美德，以及“朝闻道，夕死可矣”的精神。他们为求得真理，可以奋不顾身地克服任何障碍；他们以善良的美德来庄严自己，用圆融的智慧来升华人格。君子相信多一番挫折，就会多一番见识，而要求自己要有恒心、有毅力，面对人生每一个境遇。君子之品，有四点提供参考：

第一，君子辞富不辞苦

有时候，君子宁愿接受苦难，也不要富贵。因为甘于淡泊，经过苦难的考验，往往能养成坚韧的节操。如曾国藩所言：“坚其志，苦其心，勤其力，事无大小，必有所成。”君子怕享受多了，会减少向上的志气，宁可守贫、守苦，也要咬紧牙关撑下去。

第二，君子忧道不忧贫

《论语》说：“君子务本，本立而道生。”君子以道德为本，对于贫富不会太计较，他总是忧惧自己的道德没有完善。处在贫穷时，不会计较生活的困难，衣食不周也没关系，只希望自己的智慧能增长，所以凿壁借光、悬梁刺股者，终于得以功成名就。

第三，君子知义不知利

凡是君子都非常重视义气、道义、仁义，利害得失都不挂在心上，若有人用利益来引诱他，也不为所动。君子认为，人要自信自守，要有节操，只要是义举之行，他做得到的，多少的牺牲，多少的奉献，都当仁不让。君子善待于人，并能激发他人的自觉和自尊，他们不求名闻利养，只知有情有义，善待身旁的每一个人。

第四，君子成人不成己

君子有成人之美的雅量，不会自私、小气、嫉妒，他们喜欢成人之美，乐于资助他人的困难，不会汲汲于自己的蝇头小利，甚至认为别人的利益比自己的利益更重要，别人的成功比自己的成功更美好。君子有种种好的品性，因此能得到赞美，也更能获得别人的真心友谊。

希望成为君子吗？做一个君子比较辛苦，福乐先给别人，困难自己担当；富时以能施为德，贫时以无求为德；贵时以下人为德，贱时以忘势为德。不论贫富贵贱，只在乎“吾有德乎？”这就是君子做人的品格，也就是佛教所谓的菩提心。

君子之行

你希望自己是怎样的人？又希望别人如何评价你呢？若是将你被比成纣王、幽王、秦桧等人，你一定不悦；若是比作伯夷、叔齐、岳飞、文天祥等，你一定欢喜，为什么？因为前者是无道小人，后者是有道君子。因此，一个人受不受人敬重，就在是否有“道”。所谓“君子之行”有哪些？以下四点可作参考：

第一，举目不视恶色

君子目欲视，当思邪与正，不视其恶色，自清净其心。一位君子，举眼之时，不该看的，他不会看；满面怒容，他看了如不见；妖冶美色，他见了也不惑，凡是会乱人眼目的，他都远离，不在自己眼里留下“恶色”。好比佛制八关斋戒，其中有一条“不故往歌舞观听”，就是不随便放纵身心，远离喧嚣。

第二，用耳不听恶声

君子他耳中不应该听的，他不会听；不好的声音，他不要听，邪见的声音，他不想听；闲话的声音，他不愿听。因此，他耳中没有斗恶粗俗之声，没有是非歪理之言，甚至邪妄、奸吝、荒诞、不实的称誉毁谤等，他都不听不闻。

第三，非法不敢乱道

君子所行，非法的地方，不去；非法的言论，不说；非法的道理，不信。因此，君子做人，他口业不惹过失，不造罪恶，他谨守口德，不骂人、不恶口，具有风度；他常说实话，不两舌、不绮语，符合道德。他不说则已，要说就说雅言，就说好话，给人启发，给人明了，所以说君子不会乱道。

第四，无德不敢妄行

君子自我洁爱，凡不符合道德的地方，他不去；但是，君子求仁，就是千里迢迢，他也会想办法到达。所以君子处事，凡有所行，都要有道。过去佛门禅师，不是看经，不随便点一支蜡烛；不是要去拜佛，不随便走一步路，这就是君子做人，无德不敢妄行。

日本日光东照神宫的门梁上，有三只雕刻的猴子，神态逼真，其中一只用手掩住眼睛，一只掩住耳朵，一只掩住嘴巴，这是什么意思？如儒家所说："非礼勿视、非礼勿听、非礼勿言、非礼勿动。"在日常生活中也应如此，尤其一位君子，每天常自己内省观照，眼耳鼻舌身意六根，是否合于礼？能目不邪视，耳不闻恶，行不乱德，一言一行发自内心，这就是"君子之行"。

君子的心与小人的心

人心有好心、坏心，有真心、假心，善心、恶心等各种不一样的心，所以经典里说："心如工画师，能画种种物"，它好比是一位美术师，可以画出各种不同的风景；随其心好，则画出美好，随其心坏，则显出丑陋。那么君子的心与小人的心有什么不同呢？

第一，君子之心，欲人同其善

古人说："君子有好生之德"，是一位君子，他的心是慈悲的，是有道的，是尊重的，是随喜的。他自己做好，也希望别人更好；他对别人提携，倾囊相授；他希望青出于蓝而胜于蓝。像范仲淹见狄青是人才，授予《左氏春秋》；黄石老人见张良孺子可教，授予《太公兵法》，这就是君子宽大的胸怀，给予提拔栽培。

第二，小人之心，欲人同其恶

小人品性丑陋，怀着假心、坏心、恶心，他们也希望天下都是恶人。像狄更斯《雾都孤儿》中的奥立弗，遇到小偷朋友，也被逼着当起小偷来了。所谓"近朱者赤，近墨者黑"，你欢喜亲近君子，就会有君子的心，假如你欢喜亲近小人，当然就会有小人的心了。

第三，君子之心，欲人同其真

君子的心，以诚心为上，以真心为重。古德有《醒世诗》云："明镜止水以存心，泰山乔岳以立身，青天白日以应直，光风霁月以待人。"君子就是这样谦逊真诚，心如明镜光风，也希望世间所有的人，同他一样有真实的心、有善良的心、有美好的心。

第四，小人之心，欲人同其非

小人的心，以奸邪为上，以机巧为重。他们趋炎附势，巧妙钻营，以为不必辛勤努力，就能轻松得到利益。小人也希望别人同他一样，同做坏事，同流合污，好比李林甫、高力士之人，他们狡猾聪慧，勾结权贵，专政自恣，剥削良民，只有让臭名千古留传。

佛陀曾说，奇哉，奇哉，大地众生皆有如来智慧德相，只因妄想执着不能证得。无论君子还是小人，原本的心，都是一样的，只是受到各种因缘条件的影响，慢慢熏染成不同的心。古人说："亲君子，小人不敢近其身；亲小人，君子避之唯恐不及。"因此交友非常重要，当要慎重选择。

圣贤之境

自古圣贤为人所景仰效法，所谓"高山仰止，景行行止，虽不能至，心向往之"！圣贤的境界，超然物外，而又不离世间人群。他们以宇宙自然为修身养性之境，以高超的人格来感化世道人心，所以"圣贤之境"有四点：

第一，明镜止水以澄心

圣贤修心，不仅"心如止水"，而且"澄如明镜"。能像止水一般的清，一般的静，才不会被外境所动乱。但是"止水"并非"死水"，因此，还必须像明镜一般澄澈朗照。他能看到自己的本来面目，看到自己的用心，还能看清时势隐晦，懂得行止进退。所以圣贤"明镜止水以澄心"，既能"于心无事、于事无心"，却又心系众生。

第二，泰山高崇以立身

圣贤立身，不在居高位，而在修养道德，完成人格，以"闻风景从，风动草偃"来体现生命的价值。所谓"不患无位，患所以立"，所以圣贤以泰山的巍峨崇高自我期许，希望从小我到大我的道德，都是巍巍乎如泰山一样，这是圣贤立身之道。

第三，青天白日以应事

圣贤应事，以济世利人为本，着重于该为不该为，而不在乎别人的批评，更不会计较个人的利害得失，甚至牺牲性命也义无反顾。如“精忠报国，壮怀激烈”的岳飞，如“人生自古谁无死，留取丹心照汗青”的文天祥，他们应事的胸怀如青天白日般光明磊落，所以能气贯长虹、凛烈万古。

第四，光风霁月以待人

圣贤待人，真挚诚恳，既不傲慢，也不怀成见，所谓“子四绝”——毋意、毋必、毋固、毋我。也就是不疑忌猜测，不坚持己见，不会不知变通，不会以自我为中心。所以，圣贤的胸怀洒落，品格高洁，如光风霁月般，晴空朗照，万里无云。

圣贤为学，懂得以整个宇宙、人类为师，因此能得众善之长。

贤能之学

人之所以成圣成贤，必有其条件。一般贤能之人，除了在能力智慧上胜人一筹，其道德人品必然也是超乎常人之上，此即“贤能之学”，有四点说明：

第一，贵而不骄

“国清才子贵，家富小儿骄”。一个人有了富贵钱财，有了权势地位而能不骄横我慢，诚属难能可贵。因为恃才而骄、恃宠而骄，甚至恃官位、恃富贵而骄，这是人之通病。只是纵观历史上多少的帝王，虽然富有四海，威震八方，如果他骄慢无道，不懂得爱护人民，最后总会被人民推翻。所以，骄横必败，唯有贵而不骄，才能受人拥戴。

第二，胜而不悖

人生最大的胜利，不是战胜敌人，而是战胜自己。一个人尽管在商场上春风得意，在工业界财源亨通，在政治上平步青云，或是在人望上如日中天。但是再多的胜利、再大的成功，都不可以违反常情、不可以违背常理，一定要在社会人情都能接受的情况下，才能真正拥有胜利。所以，做人要“胜而不悖”，进而要能去除胜负心，如此才能无争自安。

第三，贤而能下

自古圣贤明君，大都懂得礼贤下士、谦虚待人，所以才能招贤纳士，成就一番事业，而得名留青史。一个人如果高高在上，缺少亲和力，令人望而生畏，就会失去群众，间接也等于失去助缘，如此不但事业难成，其实也是德行上的瑕疵。

第四，刚而能忍

做人刚毅正直很好，但是做人更要刚柔并济，有刚正的一面，也要有柔和的一面。能柔才能忍，能忍才能面对人生的横逆，才能全身而退，否则“自古钢刀口易伤”，太过刚硬，往往出师未捷身先死，所以不得不注意。

前人的经验智慧，是后人学习效法的宝典，现在出版界有所谓的“帝王学”“管理学”“财经学”等各种专著问世，其实贤能之学更为重要。

贤愚之别

世间人形形色色，性格也迥然不同，有君子、小人，有忠臣、佞臣，有贤者、愚者。何以名君子？何以为小人？谁是贤者？谁又是愚者？赫尔利说："贤愚的分别，是在一个人的心念，不在一个人的贵贱"，诚不虚也。是善、是恶，存乎一心，是贤、是愚，是君子、是小人，也都在我们自己的抉择。"贤愚之间"有何差别，以下四点提供：

第一，智者养心

人心是否养好、养正、养善，都关系一个人的行为、人格特质。一个智者会注重内心的状态、思想的得失、人格的开展、气度的大小，你看历史上，文天祥养浩然之气，关羽养正义之气，孟子也说："吾善养吾浩然之气"，至今都令人景仰。一个人能注重养心，增长清净心，实践慈悲心，心能安然、不断扩大、渐趋平和，便是一位真正有智慧的人。

第二，愚者养身

许多人重养生，这原本也很自然，但如果将心思过度置于营养、食品、保身、美容等方面，只照顾衣食住行一切外在所需，忽略养心修性，任心妄动、迷暗、造业，那就是舍本逐末了。人心本来清净如水、光明如镜，只因缺乏智慧、慈悲、道德的疏导，任由一颗心掀起波浪，不能平衡，以致达不到真正的健康。因此，在养身之余，更应加强养心的功夫，才是根本之道。

第三，君子养德

君子者，莫不以修身养德、恕己及人为重。古人云："土扶可城墙，积德为厚地"，也就是重视"德"的养成。养德有哪些？中国人讲的四维、八德，佛教的三皈、五戒、六度、四摄、十善、自觉觉他、自利利人等，这些都是养德的方法。

第四，小人养威

一个小人，他不注重道德、不注重人格，他养什么？养威。他重视威势，长于吹捧逢迎、势利伪装，一心算计别人。他要你畏惧他，要你在他的威势之下崇拜、屈服、生存。这样的人无品少德、满怀私欲，只重视个人的利益，喜爱搬弄是非，并以此为乐、为傲，实在是不足为取。

生存在纷杂扰攘的社会中，如何亲近君子、远离小人？让自己拥有智者的大气，而不是愚人的昏昧？在行住坐卧、起心动念间，养心、养德，成熟心志，扩大生命视野，以上四点，值得参考。

智者所求

一般人常常要求别人，甚至要求佛祖、要求神明、要求国家、社会、父母、朋友。一个有智慧的人，他不会要求这么多，而是要求自己；如果自己都做不到，如何去要求别人呢？关于“智者所求”，有四点意见提供参考：

第一，在行为上要求规矩

《礼记》说：“礼义之始，在正容体、齐颜色、顺辞令。”我们身口意的行为，都要有规矩。说话言谈中，有讲话辞令的礼节，不能粗鲁放肆；举止动作间，有行动姿态的礼仪，不能矫情做作；待人处世时，有接待行谊的态度，要能不陋不悖。总之，一切的行住坐卧都要有规矩，就如孟子所说：“不以规矩，不能成方圆。”有了规矩才能提升自我的人格、威仪与形象。

第二，在信仰上要求正见

一个人不能没有信仰，不管你信仰什么宗教，或是崇信哪个主义、哪一种思想，总之都应该要有信仰。有了信仰之后，最重要的，是要有正见；没有正见，容易随俗沉浮、盲目跟从，而成为迷信或是走向负面的人生。所以，信仰没有正见作前导，就好比失去方向的舟航，迷失在茫茫的大海中，不知何处是归程，因此，信仰一定要有正见。

第三，在工作上要求勤奋

富兰克林说："懒惰使事情变得困难，勤勉使事情变得容易。"我们不管从事哪一种工作，最重要的是要勤劳奋发，如果不肯劳动，即使黄金随着潮水流过，你也懒得起身将它捞起。所以有句谚语说："勤奋是道路，苟安是悬崖，懒惰是坟墓。"凡事只要能勤奋去做，没有不能完成的；勤奋，才能走向成功之路。

第四，在生活上要求简便

在日常生活中，如果我们过分放荡奢华、安逸浪费，即使有再多的财富，也有用完的一天。我们看王永庆，虽富甲台湾，但他的一条毛巾用了几十年，因此，一个真正成功的人，他在生活上一定要求简便。比方说穿衣只为避寒，吃饭只为了果腹，居住只要求有个舒适的家；养成了淡泊简便的习惯，就能去除奢靡与浪费。

《礼记》说："傲不可长，欲不可纵。"一个有智慧的人，不求一时的享乐，不图一时的安逸。自古以来，贤士之气，大都在清心寡欲中表现，而操守品德，也都在享乐中殆尽，所以我们不可不慎。

有智者不争

人生最重要的，不但要知人，还要知己；不但要知事，还要知理；不但要知此，还要知彼。因为能知，就不会与人争；能知，就不会不平，就能自在。所以，“有智者不争”，有四点意见：

第一，勿与积聚人争富

世界上有很多有钱人，虽然富可敌国，因为只知道积聚财富，而不懂得“钱用了才是自己的”，因此成了富有的穷人。因为他们的钱只是存在银行里，或是放进保险箱里，每天只是提心吊胆，害怕财富被人偷盗，结果存了一生的积蓄，自己却从来没有享用过。这样的人，是贪求执着的愚者，因为有钱是福报，会用钱才是智慧，所以，做人不要只会积聚财富，而要善用财富。

第二，勿与进取人争贵

有的人每天汲汲于钻营地位权势，或许他因此高升荣显。但是，面对这样的人，我们不必羡慕，也不必计较、不平，因为一个人一生的成就，不是以官位高低来衡量，而是要有道德，要广结善缘，要多行善事，如此才能受到他人的肯定。否则“宦海浮沉”，一旦失去权势时，人生的价值又何在呢？

第三，勿与矜饰人争名

有的人为了沽名钓誉，不断地掩短饰长，只为争取功名禄位。荀子说："长短不饰，以情自竭，若是则可谓直士矣！"一个人能将真实的一面表现出来，才是正直之人。除此之外，我们鉴古推今，但看汉朝时同辅刘邦夺天下的张良与韩信，一个懂得功成身退，一个夸功争名，结果隐退者得全身，争胜者被杀戮，所以，人生以踏实为德，实在不必争功夺名。

第四，勿与狂傲人争礼

世间上有一些自视很高的狂傲之人，要求别人对他要毕恭毕敬，不可有一点怠忽。这样的人，我们无须对他不满，或是要求他对别人也要礼尚往来。如孟子说："爱人者，人恒爱之；敬人者，人敬之。"一个人只要有高尚的品格，懂得尊重别人，自然会受人尊敬，否则，欲得别人的礼遇，往往求荣反辱，所以，不必与狂傲者争礼。

《战国策》云："无其实而喜名者削，无德而望其福者约，无功而受其禄者辱，祸必握。"一个没有真才实学的人，只知一味地贪图虚名与权势，总有一天会从高位荣显中堕落。所以，一个有智慧的人，要争的是道德与人品，而不是争外在表相的虚华。

领导人的条件

家庭有家长领导子女，学校有校长领导师生，公司有主管领导部属，国家有元首领导百姓；任何一个团体，都需要有领导人。领导人很重要，他是整个团体的灵魂人物，主导这个团体的胜败兴衰。领导人要具备什么样的条件，才能让他所领导的团体有所进步，有所发展？归纳出以下四点意见：

第一，让人的思想能得到自由

“思”是心灵的活动，有思想，才能够明辨真理。思想自由，正是推动人类社会进步的动力。身为领导人，必须让下面的人拥有思想与言论的自由，让他敢想敢言。如果领导人抑制了大众思想的自由，等于抑制了进步的机会，这就不能成为优秀的领导者了。

第二，让人的生活能得到自在

身为领导人，让下属常常感到生活不自在，如吃、住不自在，做任何事情都不得自在，领导人就必须自我检讨了。一个充塞动乱的国家，人民的身心长期处于恐慌、不安定的状态，生活如何得以自在？《心经》有云：“心无挂碍，无挂碍故，无有恐怖，远离颠倒梦想，究竟涅槃。”身心无所挂碍，才会清安自在。因此，让下属安心安住、生活自在，是领导人必然的责任。

第三，让人的教育能得到增长

教育是人类传递和开展文明的方法，具有培育人才、促进社会进步的功能。身为领导人，不能光是压制下面的人，必须让他不断地进修，多元化地学习，使其心智、技能不断地成长。许多成功的企业、团体，会给员工在职进修的机会，甚至安排他们到国外参访或深造，即是希望借由教育，进一步发挥他们的潜能与创意，使其有更卓越的表现。

第四，让人的安全能得到保障

领导人若让下属，每天处于恐怖、忧愁里，如担心家庭经济，担心居家、生命安全等，他就无法安心工作。唯有使下属的安全得到保障，才能使之欢喜而无后顾之忧地工作、生活。

想要成为领导人，除了本身需具备专业能力，更应让团队中的每一个人感觉自己受到重视，自己的前途有希望。如果家庭里、团体里，乃至社会、国家，所有的领导人都能做到这四点，必定可以成为卓越的领导人。

美丽的现代人

每一个时代，对于“美”有不同的标准，所谓“环肥燕瘦”，汉成帝宠爱瘦瘦的赵飞燕，因而造成汉末一股“瘦就是美”的风潮；因为唐明皇宠爱胖胖的杨玉环，因此，丰满圆润就成了唐代的美女标准。现代人的审美标准又如何？面容娇美、仪态万千的俊男美女才算美？对于美丽的现代人标准，我们有四项看法：

第一，有声音有表情

所谓的“有声音”，是指在适当的场合，勇于发表自己的看法，且言之有物，而不是无的放矢；有表情的人，在应对进退中，懂得以脸上的表情及适度的肢体语言，如微笑、倾听、专注等，来表达对人的赞同、包容、尊重或善意。有声音、有表情的人，是面容最美的现代人。

第二，有美言有动作

黄莺的声音清脆婉转，所以受人喜爱。一个会说话的人，说的都是好话、赞叹人的话、鼓励人的话，就如“黄莺出谷”，让人觉得悦耳动听。灵慧善巧的人，对于别人的表现，会以动作如鼓掌、点头、竖起大拇指等，来表达赞叹，绝不会以夸张或粗鲁的动作伤害别人。有优美言语与动作的人，是行动最美的现代人。

第三，有见解有建议

一个人光是外表美，却没有见解、没有思想，就会落得“金玉其外，败絮其中”之讥。佛陀说法，常叮咛弟子：“谛听！谛听！善思念之。”就是提醒弟子要思维法义、要有思想，并说：“诸供养中，法供养第一。”有思想见解之后，还要将佛法、道理贡献给别人，让别人也能受益。内在学养丰富，又不吝法布施的人，是思想最美的现代人。

第四，有信仰有慈悲

有些人会说：“只要我心好，没有宗教信仰也不要紧。”任何一个正信的宗教，都是教导我们圆满人性的真、善、美。既然自认心好，为何要排斥宗教信仰呢？有了信仰的力量，道德会有增上的推力，人品会更端正，有了信仰，对于慈悲的体认也会更深刻。有信仰有慈悲的人，是德性最美的现代人。

作为一个现代人，不仅要拥有亮丽的外在条件，也要有深刻的内涵修养，才称得上是最美的现代人。能拥有这四项要点，每个人都可成为现代最美的人。

学做地球人

现代的世界由于交通便利、信息发达,国与国之间的界线,日益淡化,种族与种族之间的距离,渐渐缩小,可说是咫尺天涯,近若比邻,地球村的时代已经来临,所以每个人都应该学做一个地球人。如何做一个地球人呢?

第一,做一个平等的地球人

佛教里有句话说:"愿将佛手双垂下,摸得人心一样平。"平等的地球人,对于所有人等,能尊重爱护,没有纷争;对于不同种族,能用心平等,没有歧视;对于世界上大小国家,不管是强者或是弱者,能互通往来,没有排挤,体认万法缘生,彼此密切,才能做一个平等的地球人。

第二,做一个共生的地球人

地球上的每一个人都不能离开别人而存在,都无法离开因缘而独立。我们的衣食住行,随时随地都仰赖着社会大众的供应。生病时,有医师疗护,学习技能知识,也要有老师先辈教导,甚至出国旅游,也要有飞机运载才能到达目的地。所以,我们要大其心,厚其德,认知大家是生活在同一个地球上,彼此互助合作,彼此心怀感恩，才能共生共存。

第三，做一个尊重的地球人

地球上的人类，虽然有男女老少、贫富贵贱的不同，虽然有人种、肤色、性情的不同，但是人格一样，都应该受到大家尊重。与人相处往来，互换立场，要为对方着想，尊重别人的生命，尊重别人的身体，尊重别人的财富，尊重别人的名誉，所谓"敬人者，人恒敬之；爱人者，人恒爱之"，尊重他人，人家自然尊重。

第四，做一个包容的地球人

法国文学家雨果说："世界上最宽广的是海洋，比海洋宽广的是天空，比天空更宽广的是人的胸怀。"世界上遍布着众多的不同，举凡生活环境、民情风俗、语言文字、思维模式的不同，但也因为各种"不同"，而展现世界多姿多彩的风貌。

所以，人在思想上要建立包容的观念，才能将自己融入世界里；一个人的心胸有多大，世界就能有多大。世界不是一个人的，是大家共同拥有的。

现代青年

过去,有一个西洋哲学家说:“要我看看你的国家,先看看你的青年。”可见青年对未来国家、社会的重要。青年要开发心田,耕耘心地,并发掘内心的财富,尤其要发心立愿,不断地为自己、为社会、为国家的未来,作有计划的学习,才能展现实力,成为时代青年。现代青年应该具备怎样的态度呢?

第一,要有开阔包容的心胸

这是一个开阔的时代,青年更应以天地为心,所谓“心包太虚,量周沙界”,你放大胸怀,所有的世界、宇宙、乾坤,都会纳入心中来。因此,你的心量有多大,世界就有多大。好比明太祖的“天为罗帐地为毡,日月星辰伴我眠”的气魄,青年要放眼世界,观望未来,继承过去圣贤之学,培养开阔包容的心胸,开启未来万世之生命。

第二,要有服务度生的悲愿

青年有强健的体魄,应该发心多做事、多学习,时时刻刻志在服务大众,念在普度众生,愿在普济社会。不要斤斤计较于个人、私我,那是没有什么大成就的。只要有悲愿,就有力量,就能精进不懈，甚至遭逢横逆、挫折也不计较。从服务度生中，开发自己小我的生命，融入大众的生命，启发豁达的胸襟。

第三，要有德学兼具的才华

尽管时代瞬息万变，学问不断推陈出新，道德仍是为人处世的准绳。新时代企业，还是回到讲究伦理、诚信、道德，没有道德的学问，做事容易失去原则，做学问也会有差错；没有学问的道德，恐有愚痴之行，所以，道德和学问同等重要。

第四，要有涵养谦让的美德

青年人的毛病往往在趾高气扬，目空一切，所谓“满瓶不动半瓶摇”，太急于表现，深怕别人不知道我，因此，还没有修学圆满，就到处自我膨胀、自我推销，这样，反而容易给人看轻。青年要学习稻穗，金黄饱垂才是成熟。成功的人，表现越谦卑退让，对人越恭敬有礼。因此，现代青年人必须要有涵养谦让的美德。

现代青年，要开阔胸襟，热心为人，要有真才实德，内涵学养，才能成为卓尔特出之人。

有为的青年

佛经有一句话说："长者不必以年耆。"同样的，青年也不一定以年龄来分界，有时候虽然年纪老大，但他富有朝气热忱、精神活力，他就是青年。有为的青年，是国家的栋梁，是社会的中坚，是家庭的支柱，是众人的榜样。怎样成为"有为的青年"呢？有四个条件：

第一，青年要勇于负责

所谓青年，他的责任感特别强烈，不推诿，不推托，不会什么事情要别人来做，自己就能当下承担，即使是苦的、难的，他也勇于担当，敢于负责。好比诸葛亮在《出师表》里说："受任于败军之际，奉命于危难之间。"他就是有这种万夫莫敌的勇气负责，这就是有为的青年。

第二，青年要立志奋斗

青年是美好人生的开始，青年不是消极、不是保守、不是因循，他不断上进，不断朝更好、更美去努力实践。有一位年轻成功的企业家说："我有很多钱，可是我还在工作，我是贪得无厌吗？不是，是以事业度过时间。我自奉甚俭，不抽烟，不喝酒，不去娱乐场所。

下班回家，就是一杯清茶，看看报纸，如此而已，一天过去，第二天又带着饱满的精神开始工作。”由此可知，一个人成功，绝不是从安逸享受中得来，而是从不停地奋斗中获得；在工作里，生命热力才有办法发挥，人也活得才有意义。

第三，青年要富于正义

青年具有正义感，富有同情心，他不做偷鸡摸狗的事，你来我往之间，讲究正直无私，讲究义气情谊，这就是青年的可爱之处。东汉董少平为官清廉，即便是公主权贵，他一样无私执法，正义凛然，在他担任洛阳县令的时候，可说是清平之治，百姓安居，因此有“枹鼓不鸣董少平”的称颂。

第四，青年要健全人格

人格如窗户，一格一格，不能错乱，不能东歪西斜。青年要培养端正的人格，才会受人肯定。比方有美德、有忠诚、讲责任、富正义等，这些都是有为青年的人格。如果超出这些人格之外，就不像一个人，更遑论像一位有为青年了。

青年要有礼赞生命的感恩，青年要有自觉信念的价值，自我调适，朝确定的目标前进，有朝一日，必能发展自我理想。

因人而予

佛陀说法时，常因众生不同的根基，而给予不同的教导。智慧如须菩提者，佛陀为他们说“空”理；钝根如周利盘陀伽者，佛陀就叫他扫地。对一些贪恋世间繁华的人，佛陀说世间“苦、空、无我、不净”；对那些向往涅槃的人，佛陀则说“常、乐、我、净”的涅槃境界，增加他们的欣乐之心。我们虽没有佛陀“观机逗教”的深智，但在与人相处时，也应视对象的不同，而给予不同的对待。

第一，以实情给君子

“君子之交淡如水”，水的本质是清澈透明的，有鱼虾现鱼虾，有水草现水草，甚至云影徘徊、千江映月，它都不曾隐瞒什么；任何事物在水的面前，所映现的就是该物的本来面目。我们与君子相交，就如同面对一泓清水，宜以真诚无伪的心来相处，不矫情、不虚诈，以实在、诚实的态度坦然相待。

第二，以善态给小人

俗语说：“宁愿得罪君子，不敢得罪小人。”君子风度泱泱，心胸雅正，你对他不礼貌，他也只一笑置之。若是小人，一个不经意的眼神，一句不得体的话，他可能就耿耿于怀，甚至伺机找麻烦。因此，跟小人相处，态度要更友善，说话要更谨慎。

第三，以礼节给平辈

对待朋友、兄弟、同事，要有礼节。应该尊重者，给予尊重；需要帮助者，给予帮助；对方遭遇挫折时，为他打气加油；对方有福吉之事，衷心赞叹助喜；对方有不是之处，婉言相劝。能与平辈如此相处，才符合孔子所说："朋友切切偲偲，兄弟怡怡。"

第四，以恩惠给下属

要得到部下、同僚的心，与他们相处时，要给予恩惠。在他们有需要或困难时，不吝伸出援手，必能得到他们真心的感激。做领导、雇主的人，在金钱上不要太过苛刻、吝啬，能在有形的物质上慷慨，对方也会感恩图报，在工作上更用心，而让我们在无形中收获更多。

大部分的人都想给人真心，给人意见，给人好意，给人恩惠。如果给得不得体，或许只能"事倍功半"；如果具备分辨对象根性的智慧，往往会有意想不到的效果。可见"因人而予"，学问甚大。

怎样有人缘

一个人要想建功立业,"人缘"是重要的条件之一。人缘好,很多事情不求自有,处处顺利;人缘不好,纵有十八般武艺,麻烦阻碍还是很多。如何才能得到人缘呢?有四点建议:

第一,开放不固执

近代以来,已发展到多元化的时代,人与人关系密切,因此,凡事要以开放的胸襟,才能够与人合作、进步快速。像日本明治天皇即位后,放弃长久以来的"锁国政策",进入国际社会,使得日本迅速列入经济强国。同样的,一个人要也放弃固执傲慢、自我封闭,否则再好的因缘,都会擦身而过,实在可惜。开放心胸,才能谋求人际关系的和谐共荣。

第二,幽默不古板

衣服破了,可以用针线缝补起来。人际相处难免有缺失,这时可以靠幽默来维护。尤其东方人的性格较为严谨、古板,容易墨守成规、停滞不前,遇到挫折难堪,一句幽默的话语,可以化解尴尬;一个严肃议题、僵持的议案,适时的幽默,消除凝重的气氛。幽默,才能自在与人相处,增添欢喜。

第三，温馨不冷漠

冷漠是人际往来最大的障碍。当我们流露出一副冷漠的表情，得到的反应，当然也是一副冷面孔。一个家庭冷漠，亲情必定淡薄疏远，没有向心力；一个社会冷漠，彼此一定猜忌隔阂，难以产生信任。要化解心灵的寒冷，就要以温馨来代替冷漠，就像太阳一出来，冰雪就渐渐融化了。

第四，真诚不矫情

有些人为了达到目的，总会玩一些小聪明、耍一些小把戏，或者做一些小动作，潜藏之下的是贪婪、势利和傲慢。明代憨山大师云："人从巧计夸伶俐，天自从容定主张，谄曲贪嗔堕地狱，公平正直即天堂。"不能以诚待人，总会遭到大众批评，态度诚恳、踏实庄重的言行，才能获得信任与尊重。

好人缘不是凭空而有，在日常生活中，懂得为人留一点余地，为人多一分设想，处处以巧心智慧体贴别人，观照四方、面面俱到，当然容易得到大众的认同，欢喜与之亲近了。

成功的敌人

每个人都想创造成功的人生，但成功的定义却不尽相同。有的人觉得平安是最大的福气，如苏东坡有诗云："人皆养儿望聪明，我被聪明误一生，但愿我儿愚且鲁，无灾无难到公卿。"但更多的人希望成就辉煌，成为英雄，做企业家、文学家、政治家……人人企盼成功，但不是什么人都能成功，为什么呢？以下四点是成功的敌人：

第一，没有目标

没有目标的人，三心两意，做这个也好，做那个也不错，结果什么都使不上力。好比没有根的浮萍，顺着水势到处漂流，没有依靠；又如同没有方向的舟船，随意航驶，靠不了岸。想要成功的人，要像篮球要投入球网，棒球要奔回本垒，足球要踢进球门一样，有个明确的方向，朝一定的目标前进，才能成功。

第二，没有组织

有些人创业，一时兴起，找了志同道合的朋友合伙，可是运作乱无章法，没多久就倒闭。《梁书·羊侃传》云："景进不得前，退失巢窟，乌合之众，自然瓦解。"没有组织、没有纪律，只是暂时凑合在一起，就像一盘散沙，难以成事。凡事都要有计划、有组织、有流程、有权责区分，让参与的人都能分工合作，事情才会做得成功。

第三，没有行动

战国赵括擅长谈论兵法，却不知变通，结果长平一役大败，被讥为“纸上谈兵”。道理懂得再多，光说不练，没有行动，也是说食数宝。好比学游泳，不肯下水，还是旱鸭子。佛教说“行解并重”，知道之外，还要老实地行动实践，才有成功之时。

第四，没有毅力

古人曾说，滴水能穿石，愚公可移山，只要功夫深，铁杵磨成针。这也就是说，一个有毅力、有魄力的人，一切“不可能”的事，会变成有“可能”；相反的，没有恒心，没有毅力的人，所有的“可能”，也会变成“不可能”。所谓“没有勇气，克服不了困难；没有毅力，成就不了事功”，想要成就一切事，毅力是不可缺少的元素。

成功最大的敌人是无心，想要成功，就要发心。发心吃饭，饭中自有菜根香；发心读书，书中自有千钟粟；发心走路，就能走得远；发心学道，就能日有所悟。要成功，就要远离以上这四个敌人。

再谈成功的敌人

成功不是偶然的，成功的人大部分具有远见，立定目标后就勤奋好学，朝着目标努力不懈，坚持到底。他们的眼光看得比别人远，比别人多一点心，多一分关注，因此能够成功。而不能成功的人，通常是遇到了成功的敌人，有哪些呢？

第一，自暴自弃

人生最大的悲哀，就是对前途没有希望而自暴自弃。其实，当一个人遭遇逆境、挫折，只要肯改善因缘、发心利人，就能重燃希望。丑女投河，老和尚开导她："人有两个生命，第一个自私的生命已死，第二个利人的生命，可以为人服务而再生。"因而转化心念，改变一生；癌症患者，一心投入公益活动，重燃生命光辉。所以，遇到任何不幸的打击，都要从困难中找到奋斗的途径，从哀伤中体会生命的喜悦，千万不可颓废消沉，自暴自弃。

第二，虚荣不实

所谓"金玉其外，败絮其中"，一个人爱慕虚荣，日常用品、穿着衣物，都要讲究名牌；凡事爱出风头、喜欢受人赞美、吹捧自己等，诸多的浮华不实，都是虚荣心的表现。英国哲学家培根说："虚荣的人被智者所轻视，愚者所倾服，阿谀所崇拜，为自己的虚荣所奴役。”真正的成功，不会因为一时的虚荣而沾沾自喜，脚踏实地才是务实之道。像玄奘大师的“言无名利，行绝虚浮”，正是最好的学习典范。

第三，掉以轻心

做起事来觉得很顺畅，反而容易疏忽大意，酿成大祸。因此，越是平坦的地方，越是有暗坑，有危险。唐朝鸟窠禅师经常栖身于树上，大诗人白居易见到便说：“禅师，住在树上太危险了！”禅师笑说：“宦途凶险，伴君如伴虎，浮沉无定，才是随时随地都有危险。”所谓“天有不测风云，人有旦夕祸福”，一个有智慧的人，随时随地都会谨小慎微，免得临事时惊惶失措。

第四，骄傲自矜

所谓“骄兵必败”，在世间为人处事，不必害怕困难挫折，有时太顺遂，容易骄傲自大，甚至引人嫉妒；于艰难困苦里完成目标，可以锻炼心志，才不会稍稍拥有一些名利，就志得意满，盛气凌人；也不会要求别人凡事听命于我，过于顺心如意，反而养成刚愎自用的个性。一个人能够“富而不骄矜，贫而有傲骨”，自能活得安然，活得有尊严！

“处世不求无难，世无难则骄奢必起；于人不求顺适，人顺适则心必自矜”。

成功的人

一个想要得到成功的人，一定要重视自身的管理。墨子云："子不能治子之身，焉能治国政？"连自身都管理不好，是不能治理好国家政事的。自我管理，举凡意志力、理性的智慧、人生观、价值观等，都会决定一个人做事的成败。

"成功的人"必须具全的四个要素，提出来作为大众参考：

第一，要有果断的魄力

成功的人要有果断的魄力。无论是政治家、军事家、企业家，甚至自我管理时，面对所有裁决时，不能犹豫不决、优柔寡断。就像禅门中的明心见性，是一种由本性自然流露的智慧，不假思索，"噢！这就是了"。从而发展创造力与判断能力，才足以适应现今快速动荡的电子化时代。

第二，要有理性的决策

现代企业管理中，"决策"是管理者最重要，也是最主要的工作。决策必须要有理性，必须通过客观、平等的智慧，以理性、冷静的态度作决策，不能意气用事。一个人的决策能力，影响行事成败；一个领导者的决策方向，影响团体未来的发展；因此理性的决策，不可不具备。

第三，要有乐观的态度

身为领导人，要能自我肯定，追寻正面的目标。将全副心力专注于当下，不后悔过去，也不忧虑未来。面对属下，不以上对下的姿态盛气凌人，你乐观进取、散播欢喜，反而会让每个跟随的人心甘情愿，乐于效命。因此，乐观，会让生命活跃起来，乐观，会让人们充满希望，发挥力量，才有成功的希望。

第四，要有进取的精神

想要成功的人，除了承担自我，肯定自觉的能力，进而更要以积极的态度来开展自我，进取的精神就很重要了。以进取心，以身作则，跟随你的人，都愿意与你同甘苦、共患难，为实现目标而齐心奋斗，才能充满活力，不断开拓前进。

古代有所谓“内圣外王”的德治管理，从自我约束、自我控制、自我管理开始，做好内在德性升华，才有余力行“外王”，以自己的声望和威信去教育别人、管理别人，不但是成就一个成功的自己，更是一个成功的团队。

成功动力

每个人都希望成功，学生期盼考上理想中的学校、商人渴望事业飞黄腾达、父母期待教育子女出人头地。虽然古谚有说“失败为成功之母”，失败并非完结，勇敢面对，还可以奋起飞扬，甚至可能带来更大的成就。但人们以为成功带来荣耀，失败带来沮丧，谁都不愿意失败。但是成功必须具备成功的因素，这些因素是成功的动力，在哪里呢？这里提供四点：

第一，惭愧是动力

佛经里说：“惭耻之服，无上庄严”，又说“惭与愧二者能使一切言语行为光洁，所以叫作二种白法”。有惭愧心的人，懂得自我反省，勇于改过，知道自己有所不能、有所不及，要努力的地方很多，便会发心立志，勇往向前，一旦发挥潜能，成功指日可待。所以人要有惭愧之心，才会有进步的动力。

第二，谦让是动力

一个人如果总是与他人争强斗胜，图占上风，甚至为了拥有权利及地位而不择手段，这样即使一时赢得了胜利，却也因此输掉了道德及人情，这不但不是成功，反而种下了重大失败的祸因。“谦让”就是对他人能力的肯定与认知，凡事不一定由“我”主导，要懂得留一点机会给人。不傲慢、不自大，自然能受到大家的敬重，做起事来助缘多，也就容易成功。所以，谦让就是一种动力，在事业发展中是必要的条件。

第三，忍耐是动力

谚语云：“万事皆从急中错，小不忍则乱大谋。”要成就一件事情，需要观察时机、等待因缘。急，“不得”。忍耐是一种承担、一种处理、一种等待，也是对因缘法的认识。所以，不可小看忍耐的力量。许多事业有成者都在忍耐多次失败后，愈挫愈勇，最后得到全面的成功。因此，幻想一夕有成，不如在艰难困苦当中忍耐、涵养，一旦时机成熟，必然能够水到渠成。

第四，智慧是动力

智慧，不是卖弄机巧聪明，而是因为经过了养深积厚、人格成熟、眼界宽广，又有处理实时困难的担当，以及权巧应对的内涵之展现。一个有智慧的人，做起事来理路清楚，什么时候该说、该做、该加强，了然于心。综观各大成功企业，除了上下同心，主事者善用智慧管理及决策也是成功的关键之一。有智慧的人，最大的内心能源就是乐于成就他人，所以众缘也都来成就他，就像一位善于沟通的外交官，能排除各种利害关系，搭建国与国之间真正的友谊。

成功要件

做一件事想要成功，想要完美，成功的条件不可缺少。就像种花，除了阳光、空气与水的基本养分，不能缺少“有机”肥料的滋养。亦如做事成功的条件，要有身心的调和。品德与意志力的健全，是内在成功要素；强身与广学博闻则是外在的努力。

以下提供四点“成功的条件”，作为我们的处世方针：

第一，要有高尚的道德

孔子说：“为政以德”，又说“德不孤，必有邻”。一个想要成功的人，应努力提高自己思想道德的境界，使自己成为一个有仁德的人。一个具备高尚品德的管理者，他能打从内心时时刻刻为员工、部属着想，才能实行仁义管理，真正做到宽仁德厚。由于他的以身作则，上行下效，也才能达到“正身治人”的成效。

第二，要有坚毅的魄力

面对瞬息万变的时代，各种环境因素变化不断，具备先见之明的直观智慧，就很重要了。一个人要成功，事前做好周全的准备，临事必须要有魄力，禅门所谓“拟思便乖，动念即错”，在实践之初必然面对许多困境，这时要有当机立断的勇气，所谓负责、担当、勇敢、决断的精神都是不可或缺的。

第三，要有强健的身体

很多人由于自己身体不好，而影响了企业的发展。体力不好，就不能工作、不能开会、不能辛苦等。身体不健康，不仅对事业会产生影响，在做人方面也容易产生缺失，因为无法联谊，也无力主动去关心，更不能具足擘画千里的冲力。所以，一个人想要成功，强健的体能是很重要的。

第四，要有渊博的见闻

一个人想要成功，不能孤陋寡闻，要能高瞻远瞩、心胸广阔。识见可以靠自我充实、广学博闻来提升；心胸则要自我培养，以不断地历练来增加。好比一个企业家，对于经营哲学、管理技巧和组织运作方面的知识都要具足，并作市场调查，以掌握产品的销售情况。若从事教育，则要了解学生素质、师资来源等。不管是什么工作，都要预备足够的知识，所创造的事业才会成功。

在家庭中，你希望成为一个成功的家人；在社会上，你想要做一番成功的事业。这两者其实是一体两面、互相依存、互相成就的。其中，更不能缺乏“成功的条件”，因为这是成功人生的四把钥匙。

成功的进阶

孩子成长需要时间，学生读书要有次第，一个家庭经营要成功，一个事业管理要成功，也都是一时一时、逐步逐步成功。成功不可能等着别人给我们，或是天上掉下来就有，而是要靠自己双手去努力获得。怎样才能登上成功的阶梯呢？有四点意见：

第一，以学问来磨炼气质

世间无论做什么事情，都要讲求学问，你没有令人欣羡的“学历”，也要有自修自学的“学力”。无论哪一行、哪一业，唯有通过自我教育、充实学问，才可以磨炼自己与时俱进，适应任何阶段的成长。能把自己懒惰、庸俗的形象，磨炼成精勤、上进的气质，那么你成功的阶梯，就跨出第一步了。

第二，以礼法来检束身心

礼法道德，是做人本来应该具备的，即使到了21世纪，世界各大企业家纷纷主张，一个企业的永续经营，终究必须回到品格道德来训练人才、培养人才。能够以礼法、以道德来检束自己身心的人，会受到他人更大的欢迎、尊重与信赖，他的成功之路，也就更进一步了。

第三，以益友来作为良师

人不能单独生活在世间，无论什么都是他人的供给、护持才能拥有。因此，我想要有所成就，也是要靠良师益友来助成。所谓“在家靠父母，出门靠朋友”，益友就是资粮，以他们作为我的老师，互相规劝、互相谏言、互相帮助，会增长我们的实力，增长彼此的善缘关系。

第四，以勤俭来成就事业

古人有云：“勤是摇钱树，俭是聚宝盆。”自古以来，没有听过以奢侈浪费而能成功，只有因此而倒闭失败。勤俭是创建一切事业的最大动力，能勤就能完成，能俭就能致富，所以说勤俭必定成功。

读书有阶段，从小学、中学到大学、研究生，乃至博士生；修道也有阶梯，从十信、十住、十行、十回向、十地，到等觉、妙觉而完成菩萨道，最后才能成就佛道。科技产品不断更新，计算机产业不断升级，一个人也要不断自我超越，才能有所成长、成就，这四点成功的进阶方法，可以作为参考。

成功的力量

有一句成语:“众志成城”,意指集合众人的意志力量,就可以无坚不摧、无事不成,这意志心念就是成功的共识。这世间无论成就什么,都要有力量,你做事,要有勤劳力;你说话,要有亲和力;你读书,要有慧解力;你发心,要有大愿力;想要追求事业成功,就要有成就事业的力量。成就事业的力量有四点:

第一,智慧的抉择力

要想成就一番事业,一定会面对很多的关卡,你要针对多项条件、现状给予评估,必须要有抉择力。哪一方面的事业被现在社会所需要?哪一类事业对国计民生有帮助?未来哪一些事业有前途、有发展?哪一种事业是合理的、厚道的?我们必须要有智慧的抉择力。

第二,禅定的克服力

世间上的事,其发展没有一帆风顺的,人间的事业,它必定都会面临一些困难,有待力量来克服。能够克服困难的人,才能成就事业;不能克服困难的人,就好比温室里的花朵,经不起风霜雨雪,又怎么能生长延续呢?用什么样的力量来克服?禅定力。禅定以不变应万变，你能处变不惊，所谓“百花丛里过、片叶不沾身”，世间的纷扰困难，有了禅定力，就找到了克服困难的方法。

第三，慈悲的摄受力

我们创造事业，不是靠口号，也不是靠虚伪，更不是靠权力。要成就一番事业，需要大家来拥护，就必须要有群众。如何获得大家的拥护呢？那就是慈悲的摄受力！让大家知道我们很慈悲，我们爱人如己，能够推己及人，别人与我们来往互动，能感受到如沐春风，愿意来帮助护持，这就是慈悲的摄受力。

第四，勤劳的精进力

明末画僧石溪说：“大凡天地生人，宜清勤自持，不可懒惰，若当得个懒字，便是懒汉，终无用处。”同样的，世间人成就事业，是无法坐享其成的，必须要勤劳，必须要精进，以勤劳的精进力奋发努力，才能成就事业。

文章笔力万钧，所以有传世之文；书法力透纸背，所以有万世之作。科学家要有创造力，军事家要有战斗力；无论做什么事，都要有力，这四点成就事业的力量，提供我们参考。

成功的基础

语云:“为学要如金字塔,要能广大要能高;为人要如圣贤德,要有福慧有根基。”为学之道,基础要广博,才能厚实高大;学圣贤行,也要有根基,才能有所成就。一个人希望成功,也要有成功的基础条件。成功的基础是什么呢?有六点意见:

第一,博学以广识

你想做人成功、做事成功,就必须博学广识。所谓“知识不厌其新”。现在是一个国际化、现代化、开放自由的时代,你不能只是在自己的小圈子里自我设限,自我满足。博学广识,就能与世界接轨;知道的多,就能与时俱进。这才是成功的第一步。

第二,勤习以服膺

无论拥有知识、拥有道理,都要不断地反复思维、温习,慢慢融会于心,用全部的身心去实践,那才有所获益,也才是你的。否则只是岸上习泳,画饼充饥,虚晃一招,毫无用处。所以,勤习才是成功的第二个条件。

第三,详实以知微

要想成功,就要对自己的事业发展、为人处世,乃至对周围环境、因缘条件等，都要有一个翔实的正视与了解。所谓“见微知著，睹始知终”，知微细处，行事不会太过粗枝大叶；防微杜渐，就能防患未然。

第四，判断以明理

辨别正邪，是每个人的智慧与认识。你正邪不分、是非不明、好坏不辨，不能权衡轻重，不能察知善恶，也算不得是个正人、好人。因此，遇事不能优柔寡断，理性、冷静地分析，是非得失关头，要有一个明理的判断。

第五，省察以知过

《劝发菩提心文》：“知省察，才知舍取；知舍取，则可发心。”省察，是一种美德；知过，是一种自觉。不断地省察自己过失在哪里，就可以知道如何去恶修善、舍坏取好。省察，才能有所改进；改过，才能不断更新。

第六，治疗以改正

一个人的身体，有病了，要懂得治疗它；公司制度发展有了故旧缺陋，也要更弦易辙，求变改革；做人有所亏欠，不够周到，就要修正改进，以臻圆满；心里有了贪嗔愚痴疾病，则要用慈悲喜舍种种方法治疗。然后，身心健全了，就能发展；事业健全了，就能成功。

基础坚固了，房子才能高大稳当；根底扎深了，树木才能茁壮茂盛。这六点行事要点，可以作为我们成功的座右铭。

成功之前

人一生当中都在追求一个圆满。圆满的人生，要有许多方面的“成功”才能完成。例如，在情感婚姻路上，祈求“百年好合”；在经济事业上，企图“飞黄腾达”；在待人处事上，想要“广结善缘”。古人说：“修身、齐家、治国、平天下”，要先把人做好了，才能再谈到其他方面的成功。做人怎样才能成功呢？提供四点意见：

第一，诚信守分、待人尊重

我们和人相处来往，最要紧的就是“诚恳”与“信诺”。宁可自己吃亏上当，不去伤害别人，这就是所谓的“守分”。与我交往的人，都要真心平等地尊敬、尊重。所谓“敬人者，人恒敬之”，你尊重别人，别人自然就会尊重你。对人讲诚信、谨守住本身的立场，又能尊重对方，无论是在感情上或是工作上，都比较容易成功。

第二，忠心负责、处事认真

夜阑人静时，是否曾自问：对于工作，是否肯负责？待人处事，是否做到真心？人与人之间，也要“受人之托，忠人之事”，更何况是本身所担负的工作？世界上不论做人做事，但求“仰不愧于天，俯不愧于人”。所以你要成功的话，如果能确实做到忠心、负责、认真，必定所求如愿。

第三，学养专精、求知不息

"知见"就是整个生命的主体。在竞争激烈的时代，你必须具有高明的学术知识，深厚独到的涵养功夫，所拥有的技术也都很专业。这样学有专攻、知识健全，还要保有一颗持续求上进的心，不断树立起良好的形象。求知求识的心不打烊，再加上工作很认真。既有这些优越的条件，当然就容易获致成功。

第四，慈悲平和、服务大众

一个人想要成功，你必定要施给人无限的慈悲，广大的爱心，热心与有品质的服务，如此方能获得别人的认同，走向成功的道路。我们常说："慈悲无障碍，施比受有福"，正是通过这样善意真诚的布施，"果报还自受"，最终真正的受益者就是自己。

因此我们了解真正的成功，是"诚于中而形于外"，由充实自己而显发于外，没有所谓的捷径。但是，只要努力，人人机会均等。

卷二 | 最好的供养

供养，是善美人性的发扬，
有供养心的人，必是个心地慈悲、宽厚的人；
能够随时随地不吝以好话、时间、
力量、智慧、心意供养别人，
必能广结善缘，到处受人欢迎。

高尚的人品

"人到无求品自高"，一个人之所以被人看重，不在于他的学问高低、能力大小，不在于他有钱没有钱、有地位没有地位，而在于他的人品如何？所以一个人有品重于有学，有格重于有钱，高尚的人品是一个人无形的资产。至于如何涵养"高尚的人品"，有四点意见：

第一，勿因穷苦而变节

人，不能因为一时的贫穷、一时的苦难就变了气节。例如出家当和尚，不能因为很穷、很苦，就退失道心去还俗。又如一个女人，不能因为一时的贫穷而卖身，这是自甘堕落，是没有骨气。所谓"秀才饿死不卖书、壮士饿死不卖剑"，所以，做人不可以因为一时的穷苦而变节，一定要为自己的身份、节操而坚持。

第二，勿因贫贱而易志

人，不要因为一时的时运不济、穷途潦倒，就丧失了自己的志气。例如我本来是个正人君子，因为一时的贫穷便与人同流合污，作奸犯科；本来我想做一个大善人，乐善好施，现在贫穷了，我就不再布施了。其实，一个人尽管没有钱，没有力量，至少有个心吧，尽管我什么都没有，至少有一个口吧，我可以存善心、讲好话来布施，千万不能因贫贱而易志。能够面对贫贱而不动，则能淡泊明志；反之，恬不知耻，必然贫贱卑微。所以，一个人宁可守道贫贱而死，不可无道富贵而生。能够处贫贱而志不屈，更能受人尊敬。

第三，勿因艰苦而放弃

生活艰难时，要面对它，不能因为一时的艰难困苦，就放弃自己的责任，放弃自己的理想。现在社会上有一些青年朋友，在学校读书的时候，发奋立志，对前途满怀憧憬、理想，可惜一踏入社会，只要稍微遇到一点困难，他就退缩不前，就要放弃理想，这就是意志不坚。一个人要有意志，有意志才能经得起艰难考验。

第四，勿因困难而回头

做人，哪一个人没有困难？困难的时候要能冷静分析，突破执着；有突破困难的决心，才能获得良机。古来多少英雄豪杰、帝王将相，他们之所以成功，无不是从重重困难中，坚定信念，奋斗到底，终能脱颖而出。所以，能够克服困难，便能获得良机；能够解决困难，便能化解危机；能够面对困难，便能寻求转机；能够不怕困难，便能把握时机。如果因困难就轻易回头，终难成器。

俗语云："长安不是一天造成的，罗马也不是一天成就的。"一个人能够不断地努力，不断地奋斗，不断地牺牲奉献，能够从艰难困苦、失败挫折中奋发有成，更为人所敬重。

如何做人

我们常听到有人感慨说:“做人难,人难做,难做人”。其实做人并不难,关键就在肯吃亏,肯为人服务;如果凡事都能替别人设想,自己也懂得有所为有所不为,甚至时时就教于人,与人做好互动关系,做人又有何难呢?因此,只要懂得做人的方法,人生之乐乐无穷。“如何做人”呢?有四点意见:

第一,要做与人为善的人

台湾《青年守则》说:“人生以服务为目的”,但是有的人做事官僚,总喜欢刁难别人,他以折磨人为乐,不给人方便,不肯真心为人服务,这样的人不但不得人缘,其实也显示自己无能。所以,凡是能干的人,当别人对他有所请求,大部分都是肯定的,都是 OK! OK! 凡是能力差的人,别人求助于他,大都是否定的,都是 NO! NO! 因此平常自己不妨自我检讨一下,究竟是能力强的人,还是能力弱的人。如果你常常否定地说 NO,必定是能力有问题,如果你总欢喜正面帮助别人,必定是愿意与人为善的能人。

第二,要做和而不流的人

世界上的一切都是因缘和合所成,做人孤芳自赏,就会处处孤掌难鸣，因此，在团体中纵有不如己意，也要方便随喜随缘，才不会在大众中流失。但是，随缘并非随波逐流，如果对方是一个坏人，所做皆坏事，我也不能跟他同流合污。所以，做人应该随缘不变，我有随缘的性格，也有不变的原则，要同而不党，和而不流。

第三，要做见贤思齐的人

孔子说："三人行，必有我师焉。"别人的一句好话、一件好事，我应该学习、效法；即使是不如法的，我也可以引为借鉴，此即所谓"善可为法，恶可为戒"。一个人只要懂得学习，有时就是一个小孩子，甚至所谓"愚者也有一得"，都是我们的良师益友，何况是贤能的人，我更应该不耻下问，应该见贤思齐。

第四，要做乐于忘忧的人

人到世界上来，不是为苦恼而来的，所以不能天天板着面孔，伤心、烦恼、失意，这样的人生没有乐趣可言。金代禅师说"不是为生气而种兰花"，所以我们应该为自己的人生创造一个乐观、积极、进取、欢笑、喜悦的个性。懂得快快乐乐地在人间做人，远离忧愁、悲伤、苦恼，这样的人生才有意义，才有价值。

同样是人，有的人让人如沐春风，欢喜亲近；有的人令人退避三舍，敬而远之。你是什么样的人？你要做什么样的人？关键就在于要会懂得做人。

敦厚为人

为人之道，在于敦厚。敦厚为人，则人自亲，如群山高崇，百鸟自然飞集。所以做人要敦厚，切忌太苛。如何敦厚为人，有四点说明：

第一，不责人小过

不责人小过，这是修养美德。有的人对于别人再多的好处，他一句话也不肯赞美；当别人有了一点小小的过失，他就苛于责备，这可以说是“缺德”。所以做人之道，别人有小小的过失，你能包容他、劝谏他，这就是修养，就是待人敦厚的美德。

第二，不发人隐私

不发人隐私，这是增长福德。世界上有一种人，所谓“好事不出门，坏事传千里”，别人做了种种的功德、立下百般的功劳，他不肯宣扬；一旦知道别人的一点私人小事，他就替他加油添醋，大肆宣扬。发人隐私，不但缺德；发人隐私，更会结怨。所以，做人要厚道，福报总是降临给厚道的人。

第三，不念人旧恶

不念人旧恶，这是自我养德。有的人，别人待我们百般的好，施予我们种种的恩惠，他很快就忘得一干二净；只要别人有一点点对不起我们，全部记得一清二楚，而且一直念念不忘，这就是量窄。其实，再好的朋友，甚至亲如父母、兄弟、姐妹，难免也会因无心而造成对人的伤害。如果我们斤斤计较，他过去讲过我什么话，他过去做过什么事对不起我，坦白说，这样的人会没有亲人、没有朋友。所以凡事都往好处想的观念，这是人际相处的润滑剂，也是自我养德的根本。

第四，不计人得失

不计人得失，这是养量增德。做人要心存仁厚，才能得人心；做人以宽厚为师，才可以养量。我们做人处事、交朋友，有时候因为朋友的助成，让我们得到利益，有时候也会因为朋友而吃一点亏，我们不要太把得失利害计较在心中，才能涵养自己的心量，才能进德增福。

待人厚道是美德，令众人爱敬；待人刻薄是缺德，令众人厌恶。一个厚道的人，在道业上能够养深积厚，在人际间能够广结善缘，在事业上更能得道多助，所以，厚道才能成事。

待人的修养

人，有种种心、种种性、种种行、种种德。就修养而言，有君子有小人；就长幼而言，有长辈有晚辈，就能力道德而言，有智愚贤凡等不同。在很多不同的人当中，我如何待人？也要讲究待人的修养。在《菜根谭》里有四句话说得很好：

第一，待小人，难于不恶

“小人之心私而刻”“小人乐其乐而利其利”“小人欲人同其恶”，小人的嘴脸令人一见就觉嫌恶。小人令人讨厌，因为小人的行径有时比坏人还令人不耻。小人自私自利，善于逢迎拍马，是标准的“墙头草”。小人对人，表面上装得一副忠心耿耿、至诚恳切的样子，实际上骨子里却暗暗地在打着主意陷害你，所以有“宁愿得罪君子，不可怠慢小人”之说。小人实在难以令人不生气、难以令人不嫌恶，因此，当我们遇到小人的时候，自己要明察，要谨慎，以免得罪小人而惹来后患无穷。

第二，待君子，难于有礼

相对于小人，“君子之心公而恕”“君子贤其贤而亲其亲”“君子欲人同其好”。君子礼贤下士，待人亲切平和，做事低调，不喜张扬。君子有时纵使受人奚落,他也不以为意,因此,一般人对待君子,往往疏于应有的礼节,以为他是一个君子,就可以不必跟他太过拘礼,于是态度马马虎虎、随随便便。其实,君子虽然无求于人,但是,对一般人我们都要注意应有的礼数了,何况对待君子,更不能失礼。

第三,待下者,难于和颜

长幼有序、尊卑有分,这本是人伦之道,无可厚非,但切不可成为阶级观念,以此作为待人的标准。例如对待年龄比我小、职位比我低、资历比我浅、能力比我差的人,很难和颜悦色,亲切以对。甚至这个人学问比不上我,经济条件也不如我,往往容易生起贡高我慢的心而看不起他。其实,职位或有高低,但每个人的人格是平等,因此待人要亲切,要一视同仁。

第四,待上者,难于无谄

水往低处流,人往高处走,这是物性也是人性之常。人本来就应该要懂得上进,但上进之道要靠自己努力勤奋,做出成绩,才是可贵。只是现在不少的年轻人希望平步青云,往往靠着攀龙附凤、依附权贵,以此作为进阶之梯。于是对于地位比我高、身份比我大的人,不去阿谀谄媚,不去逢迎拍马,确实很难。俗语说:一个人的学问有多少就是多少,半点冒充不得,但是,修养有时四两可以充半斤。说明要论定一个人的道德修养,有时很难有标准,不过《菜根谭》里的这四句话,却一针见血地点出人性的弱点,很值得参考。

养气

俗语说："佛争一炷香，人争一口气。"其实"气"不是争来的，是要靠自己去涵养。如孟子说："吾善养吾浩然之气"；"气"要如何涵养呢？有四点意见：

第一，脾气要变成志气

人，有没有用，就看他有没有志气。有的人志气没有，脾气倒是很大，动不动就发脾气，这样不高兴、那样不欢喜，没有用的人，才会通过发脾气来掩饰自己的无能。其实，人贵立志，有志者事竟成，只要你有志气，不怕不能成功。

第二，意气要变成才气

有的人和人相处时，常常闹意气，动不动就生气，动不动就不跟人来往，这是和自己过不去。真正聪明的人，不是闹意气，而是发挥自己的才气，把自己的才华、潜能发挥出来，让别人对你刮目相看，这才是真正的意气风发。

第三，粗气要变成灵气

人常常一生气，就失去理性，什么粗野的动作都做得出来，例如有的人不是摔碗盘、踢桌椅，借着摔东西来出气，再不然就是骂人，甚至打人。为了一时气愤，失去理性，事后不但自己难堪，别人也不欢喜，实在很划不来。所以，人在冲动时，愈要冷静，要把粗气变成灵气，这就是机智，就是灵巧。

第四，生气要变成争气

你常生气吗？生气有什么用！做人要争气，不要生气。所谓“争气”，并不是做“上”、“中”、“前”的人，而是要做个沉得住气，吃得了苦，有大志愿，经得起千锤百炼的人。人只要争气，无事不成，所以要把生气变成争气。

现在社会上流行学气功，多数人练气功是为了健康。其实，真正的养气，是在养心，是要养志，是要让自己的心里有力量。

养生之法

现代人非常重视身体的保健，各种养生方法因此应运而生，包括有机饮食、泡澡水疗、健身运动、指压减肥，乃至晨跑、登山、冬泳等。保健有保健之道，养生有养生之法，以下“养生之法”四句偈提供参考：

第一，世人欲知养生法

我们应该知道，养生不只是增加身体的健康而已，此外诸如增加自己的修养，增加自己的人缘，增加自己的学问，增加自己的道德等，这才是真正的“养生”，所以，我们应该正确地认识养生之道。

第二，素食心和嗔怒少

现在举世流行素食文化，很多人借助于素食来保健、美容。根据医学研究，素食有益于身体健康，而且可以培养耐力，养成温和的性格。例如动物当中牛、马、大象、骆驼都是素食的动物，它们比肉食的狮子、老虎来得有耐力。再如一些素食的佛教出家人，他们每天起早待晚，但整天莫不精神奕奕。素食最主要的是长养慈悲心，从心灵的净化来减少嗔怒，达到内心的安然、祥和。一个人如果内心不平和，经常发脾气，这就不符合养生之道。

第三，喜乐尊敬除贪念

日常生活里，时时保持一颗欢喜、快乐的心，是常保年轻、健康的秘诀。欢喜、快乐来自对别人的尊敬，以及对物欲的淡泊。你尊敬别人，别人自然会有善意的响应；你淡泊物欲，自然不会受制于物欲，自然能欢喜自在地过日子。

第四，修身律己去烦恼

烦恼是健康的无形杀手。一般人每天生活在烦恼里，父母有家计的负担，儿女有课业的压力，朋友之间有情感的困扰，人际间有尔虞我诈的险阻。然而，人间纵使充满种种的苦，只要自己心地善良，行为正当，所作所为都能合法，自己修身律己，心安理得地生活，自然没有烦恼，这才是养生之道。

“养生之法”其实也是“修身之道”，若能如实奉行，必然欢喜自在过人生。

养“力”

人生犹如战场，每个人每天都在跟自己战斗，若无足够的力量，就无法战胜困难、挫折、烦恼等种种的考验，所以人除了要养心、养神、养智之外，还要养“力”。力量如何培养呢？有四点意见：

第一，读书在培养知识力

每个人从小都要读书，要接受教育。我们为什么要读书？读书就是为了增加知识，知识多了，就有学问，就有内涵，就能明理，就有力量。一个知识渊博的人，博古通今，不管走到哪里，都能靠丰富的知识获得高薪的工作，赢得别人的赞赏，所以学识就是他的力量。做人有了力量，则能无事不办。

第二，参究在于培养领悟力

参究就是对于不解的事要用心思考、要细细地推敲研究，从中悟出道理来。所以人要有思想，凡事要去思考、研究，才能发挥自己的灵巧，发挥自己的领悟力。所谓“闻一知十”“触类旁通”“融会贯通”，这就是领悟力。

第三，后退在于培养容忍力

人生，前面有半个世界，后面也有半个世界。有时候我们要勇往向前，但也不是一味地向前冲；当前进无路的时候，如果你不知后退，就会冲得鼻青脸肿。因此，能向前时当向前，不能向前的时候，也要懂得后退。后退的时候要有容忍的力量，也就是不要凡事太过认真，不要太过和人计较；懂得多容忍、多包容，其实世界上本来就没有什么了不起的事情。所以，“退一步想”，人生更能“海阔天空”。

第四，微笑在于培养亲和力

我们跟人接触，和人相处，给人的第一个印象很重要。有的人面孔太过严肃、太过刻板，别人自然会对你生起防范的心理，觉得你不好相处。假如你的面容能时时带着一种祥和，带着一丝微笑，人家就会感觉你很亲切，很有亲和力。

所以，如何具备各种力量，要靠自己平时在读书、工作，乃至生活、做人等各方面多用心，力量不是一下子就有的。你能精进用功、诚恳做人，平时多思想，多与人结缘，多培养好因好缘，自然就有力量。

养廉

人能不贪，必能养廉。廉者，不言己贫，因此，一个廉洁自持的人，不但是有德之人，必然也是个内心富有之人。如何养廉？有四点看法：

第一，饮食要饱，但不求珍馐

“民以食为天”，人要生存，不能不吃饭。吃饭是为了资养色身，重在吃得饱、吃得营养均衡，不必山珍海味，不必珍馐美味。有的人吃得太好，营养过剩，反而吃出肥胖症等百病丛生，因此吃得太多、吃得太好，不但浪费，而且折损自己的福报。想想，世上有多少穷苦的人三餐不继，我们能够衣食温饱，就应该知足，就值得心存感恩，千万不要在饮食上挑三拣四，助长贪心。

第二，衣服要暖，但不求华丽

“食、衣、住、行”，衣服对人的重要，仅次于饮食。穿衣不仅是为了保暖，也是文明的象征。过去蛮荒未化的人民，才会赤身露体，或是贫穷落后的地区，才会衣不蔽体。在现代文明国家，人人丰衣足食，但是有的人过度追求时髦，衣着过度追求华丽，养成虚荣心理，倒不如追求内在的充实，否则“金玉其外，败絮其中”，再华丽的衣服，也穿不出气质来。

第三，居住要安，但不求华厦

人要“安居”，而后才能谈到“乐业”。人当然要有一个安定的居住处所，但是居住的环境只要安全、整洁，家人和乐共住，这就是我们的净土，并不一定要高楼大厦、华屋豪宅。所谓净土，净土并不是在心外，而是在自己的心里，所谓“随其心净，则国土净”，只要我们自觉心安，东西南北都好。

第四，待客要礼，但不求谄曲

我们对待客人，并不一定要卑躬屈膝、谄媚逢迎，才能赢得来客的欢喜。待客之道，最主要的就是礼貌周全，就是真心诚意。比方说亲切的招呼、热诚的欢迎、真心的关怀与问候，能让“宾至如归”，即使只是清茶淡饭，也能让客人感受到你的浓情厚意，这比虚妄的逢迎、谄媚的语言，让人感到温馨。

“人到无求品自高”，一个人能淡然处世，不为名利、物欲而奔波，自能养成廉洁高尚的品格。

如何养性

人，为了身体健康要“养生”，为了心里清净要“养心”。此外，儒家讲“修身养性”，一个人性格上常常有一些缺点，应该如何来改性，也就是如何养性呢？有六点意见：

第一，针对浮躁不安要养静

有的人性格躁进，经常浮动不安，如何改善呢？所谓“以静制动”，通过静定的功夫，可以改善浮躁、不安稳的性格。例如可以训练自己不要乱动、不要乱说、不要乱走，把自己安住在一个安然寂静的心境上，久而久之，你的性格自然就不会浮躁不安了。

第二，针对狂妄自大要养诚

人要自尊，但不可以傲慢。对于性格狂妄自大，常常自以为了不起的人，要以亲切、真诚来对治。能够对人“相见以诚以真，相待以礼以敬”，就不会狂傲自大了。所以，我们对人要亲切，不亲切就是傲慢。

第三，针对贪得无厌要养廉

“贪嗔痴”是人的劣根性，当看到自己喜欢的东西，就想贪求，甚至希望世界上所有东西都是自己的。一个人如果贪心太大，就会患得患失，不但自己不快乐，尤其贪得无厌的人，往往寡廉鲜耻，惹人生厌。所谓“人到无求品自高”，贪心太大的人，要养廉。“廉”者廉洁，不妄取、不多求，够用就好；一个人懂得知足，自然无贪。

第四，针对愚痴迷惘要养智

人有时候会对前途感到迷惘，不知何去何从？这是因为无知，不明白生命的真谛，不懂规划、安排自己的人生，甚至不肯上进，不去培养自己的能力；有智慧的人，明白人生的意义，继而努力创造生命的价值，自然不会彷徨、迷惘，所以人要有智慧，就不会愚痴、迷惘。

第五，针对懦弱犹豫要养勇

生命其实是很脆弱的，经不起一个意外。但是人的性格，应该坚强、勇敢，这是可以培养的。例如平常训练自己见义勇为，肯主动、有正义感，尤其不断充实自己的知识、智能，有了能力，自然自信、果敢，而不会遇事犹豫不决。

第六，针对粗暴偏激要养仁

一个人最大的失败，就是个性粗暴、偏激，这种性格的人遇事不能冷静处理，平时与人相处，也不能获得人和；在自己无能又缺少外缘的情况下，做事自然注定要失败。所以，性格粗暴、偏激的人，要培养仁慈的心，平时对人要和善、宽厚，才能改善自己的缺失。

人的性格虽是与生俱来，所谓“山可移，性难改”，但是，难改并非不能改，只要自己下定决心，任何不好的性格都能改善。

供养的种类

世界上不管任何一个宗教的信徒，都有奉献、供养的经验，这就是一种宗教情操。在佛教里讲到供养的种类，有两种供养：身、心供养；有三种供养：身、口、意供养；有四事供养：饮食、衣服、卧具、医药供养；有十种供养：香、花、灯、涂、果、茶、食、宝、珠、衣等十种供养。做一个宗教信徒，如何供养、奉献才如法？其实倒不一定要花钱去备办四事供养或十种供养。以下有四种供养的方法，提供参考：

第一，说好话的供养

世界上不管任何东西，太多了就有泛滥之虞，唯有好话不怕多。布施、供养东西或金钱，太多了用不完，甚至有时用得不当，失去意义。但是说好话的供养，让人听了欢喜，尤其说一些鼓励人的话，给人信心、给人希望，乃至宣扬教义，引导人走上正信之路，则比金钱布施，功德更大，更是无限、无量。

第二，施时间的供养

有的人觉得自己不善言辞，不懂得如何说好话。其实也没有关系，你可以供养自己的时间，闲暇时可以到寺院道场当义工，为人服务，或是参加法会、活动，以时间来参与、成就大众，这种时间的供养，也是无上功德。

第三，勤服务的供养

有的人虽然布施时间，但是并没有真诚、热心参与，还是不够。既然要奉献，就要投入，要勤于服务。例如"国际佛光会中华总会"的会员长期参与资源回收、扫街环保运动；每年联考时到各个考场，准备一杯水、一条毛巾，为考生服务；乃至平时到医院，协助老幼、残疾者就医等，这都是服务的供养。

第四，献心香的供养

有的人忙于工作，没有时间当义工，无法为人服务。不过每个人都有一颗心，只要心香一瓣，以诚挚的、恭敬的心，祈祝别人得到幸福安乐，这就是心意的供养。或是看到别人行善，我随喜赞叹，随口宣扬，随心祝福，都是无上的布施。

供养，是善美人性的发扬，有供养心的人，必是个心地慈悲、宽厚的人；能够随时随地不吝以好话、时间、力量、智慧、心意供养别人，必能广结善缘，到处受人欢迎。所以，人应该养成供养的习惯，成为一种美德。

进德修业

凡事不忘自我检讨的人，才能不断进德修业；每天在思想上、观念上都能大死一番的人，对自我的增品进德，必定有所助益。“进德修业”有四点意见，提供大家参考：

第一，要有改过迁善的勇气

人不怕犯错，只怕有错不改。所谓“人非圣贤，孰能无过”，过去孔门的弟子子路“闻过则喜”，大禹甚至“闻过则拜”。所以，一个人要想成圣成贤，想要进德修业，必须要有改过迁善的勇气。

第二，要有反省自己的龟鉴

人要懂得反省，才知道自己的缺点、过失在哪里？才知道自己的前途何去何从？贤圣如曾子者，尚有所谓“吾日三省吾身”，一般的平凡大众岂可不每天对自己有一些反省、有一些检讨。因此，我们要做自己的一面镜子，能够看到自己、了解自己、明白自己，才能日有进步。

第三，要有择善明理的智慧

人要进德修业，必须要有智慧，要有灵巧，要有各种方法来应付世间上所遭遇的一切人我是非。尤其做人要明理，理不明则一切糊涂，所以，无论对人、对事，我们都要明理，都要有智慧去化导、解决。

第四，要有忏悔进德的基石

我们如何进德修业呢？必须要有忏悔的习惯。一个人如果有了过失，并不是很可怕的事情，最可怕的是不知道忏悔。“忏悔”就好像清水一样，衣服脏了，要用水洗一洗，衣服才会干净；身体肮脏了，也要用水洗一洗才会清洁。甚至我们的心里有了不清净的思想，有了不好的念头，也可以用忏悔的法水把他洗涤干净。所以，人生处世，如果有所差错，只要肯“忏悔”，都能获得世间的谅解和同情。

最好的供养

大部分信佛的人都晓得要供养佛，也都希望能以世间上好之物来供佛。佛教里常用的供养品，有所谓的十供养：香、花、灯、涂、果、茶、食、宝、珠、衣。其实，除了这十供养外，还有更殊胜、更好的供养，在此提出四项：

第一，一炷清香不如一瓣心香

许多人习惯在佛菩萨面前，烧一炷香，有的人还非常注重香的等级，非上等的檀香、沉香、水沉香不可。其实，上香只是表征，表示我们对佛菩萨的恭敬。而例行公事般地献上表相的香，远不如我们的一瓣心香，如恭敬佛菩萨，恭敬所有的人，诚心赞美、随喜他人的善行，就像《法华经》中的常不轻菩萨，永远不轻视任何人；如此谦恭有礼的修养，比烧形式上的香更好。

第二，一束鲜花不如一脸微笑

手捧鲜花去供佛固然很美，但真正最美的是脸上的微笑、慈祥。对人献花，不如向他微笑，献花有一时一地的限制，绽开一脸的笑容，却不受任何时空的局限。真诚的笑容，不仅能拉近人与人之间的距离，也能带给人温暖、鼓励和信任。所谓“面上无嗔是供养”,发自内心的真诚笑容,即是最好的供养。

第三,一杯净水不如一念净信

我们早晚礼佛,用清净的法水供佛,固然很好,但更珍贵的是以一念净信,上供十方诸佛。如果能以清净的信仰,不加妄念、企图心,正知正见佛陀的教法,依法如实奉行,则比不间断地早烧香、晚换水,更有功德。

第四,一串念珠不如一句好话

送人一串念珠,不如送他一句好话。俗谚说:“良言一句三冬暖”,一句好话常常会让人生起欢喜心,甚而改变人的一生。《尚书》说:“唯口,出好兴戎。”一句话的影响力,有时是你所料想不到的。因此,与人交往,一句好话往往比一串念珠更加受用。

以清香、鲜花、净水供佛,是很好的供养;以念珠和别人结缘,也是很好的礼物。但是,除了这些物质上的供养,应该有更增上的方式,有更升华的层面。正如佛经中所说:“若人静坐一须臾,胜造恒沙七宝塔;宝塔毕竟化为尘,一念净心成正觉。”

养德

一个人尽管拥有再多的财富，不一定活得快乐；拥有再高的学问，也不一定赢得人缘；拥有再大的房产，日子也不一定能过得安心自在。一个人最好能拥有道德，这才是无上的财宝。关于“如何养德”？有四点意见提供参考：

第一，不责他人的小过

举世滔滔，我们所见到的一切人等，当然不可能全部都是圣贤；既非圣贤，难免有过失。我们不要苛责别人的过失，尤其是小小之过，不要太过责备。做人应该用“责人之心责己”，用“恕己之心恕人”；能够不责人小过，这是养德之初阶。

第二，不发他人的阴私

今天的社会，大家都很重视个人的隐私权；相对的，我们也不要揭发别人的私生活，妨碍别人的隐私权。尤其是媒体记者，更要有职业道德，凡是对大众无损的，属于个人隐私的部分，都应该给予尊重。所谓“扬人之善是报恩”，不揭人阴私，则是自我养德之道。

第三，不念他人的旧恶

一般人，对于别人施予我们的万分恩惠，很快就会忘记；但是别人一点小小的过失，对我们有所不周的地方，我们就千计较、万计较，一直记恨在心头。这种人心胸不够宽大，不能包容别人，既无量又无德，所以，不念旧恶，这也是做人应该有的道德。

第四，不妒他人的利益

人，有一种劣根性，看到别人失败了，心里就暗暗欢喜；看到人家成功了，或是得到了利益，心里就很难过。这种“见不得别人好”的人，不但交不到好朋友，自己也无法获得真正的快乐。在佛教里有一句话“随喜”，别人获益，你能“不妒人有”，反而真心诚意地为他祝福，为他感到欢喜，这就是“随喜功德”，不但能长养自己的道德，更能增加自己的福德。

德行

德行是做人的根本，世间有的人学问很好，没有德行；有的人技能很多，没有德行；有的人会讲话，没有德行。其实，一个人宁可不擅长讲话，也没有多大的学问、多少的技能，甚至什么都没有，但是不能没有道德的观念，不能没有道德的行为，因为德行是人生的根本。

有四点说明：

第一，尊严是德行之宝

人，要活出自己的尊严来，甚至死也要死得有尊严。例如：古人“不食嗟来食”“士可杀不可辱”，今人讲究临终关怀，这都是尊严的维护。有人说，我可以什么都没有，我只要拥有最后的一点尊严，因为尊严是德行之宝。

第二，炫耀是德行之贼

有的人做了一件小事、成就了一点小功、得到了一点荣耀、奖赏，他就到处炫耀，甚至夸大其实。这种喜欢自我标榜、自我宣传的人，难免让人认为他是在沽名钓誉，因而看轻他。所以，太自我夸张，于己德行而言，正如白布染上了污点，所以说炫耀是德行之贼。

第三，慈悲是德行之始

一个人能发一点慈悲心，一念想帮助人、想利益人、想做一点好事的心，哪怕只是一点点的慈悲念头，那就是养德的开始。由这样的一念慈悲心开始，慢慢升华、慢慢扩大，最后会成为一个有慈悲心、有道德观的人。

第四，暴戾是德行之终

有的人行为粗暴，动不动就跟人破口大骂，甚至举拳相打，乃至动刀动枪。凡事只懂得用暴力解决的人，再有思想、成就，总是缺少一份道德修养。所以，一个人行为鲁莽，对人动粗的时候，也就是自己德行丧失的时候。

德行是每一个人心智、行为的保障，失去它就不像一个人，所以做人要重视自己"德行"的修养。

德者的心志

“平生莫作皱眉事，世上应无切齿人”。人格的尊卑，久而自见，时间可以说是道德的见证人。一个有道德的人，其对人生的态度，必然有不同于常人的志节与操守。什么是有德者的心志呢？有四点看法：

第一，自信者，毁誉不能改其志

人要自信，有自信的人才能主宰自己，才能做自己的主人。一个对自己做人很有自信，对自己事业很有自信，对国家、社会都很有自信的人，不管外界对他的称讥毁誉，他都无动于衷。尽管你毁谤他，他不动怒；你称赞他，他也不动心。因为有自信的人，宠辱毁誉不是别人所能加诸于他，在他心中早已超越这一切，所以，不管别人对他的看法如何，他都不改原有的志向，这就是有信心的人。

第二，知足者，权利不能变其节

知足是一个人最大的拥有，尽管地位不高，我很满足，尽管金钱不多，我很知足。当一个人对于自己拥有的、对于自己的生活都很知足；如此即使你以再大的权利也不能改变他。甚至你用权威压迫他，用利益诱惑他，都不能改变他的节操，这就是知足者的气节。

第三,静心者,恩怨不能乱其神

一个人有禅定的修养,有禅定的功夫,他的心很宁静,不会因为别人的一句话、一件事而起伏、动乱,他都不会轻易受影响。所以,静心的人,恩也好、怨也好,善也好、恶也好,都不能乱其神,他的精神世界,不是外境所能左右,这就是静心的功夫。

第四,有德者,是非不能扰其心

一个有道德的人,尽管外在的世界充满了是是非非,但他一点也不受影响。为什么呢?因为他不说是非,他不听是非,他也不传是非,他更不怕是非,所以,尽管外在的世界到处风风雨雨,现实的人生到处是是非非,可是在他看来,一切都是虚幻不实,一点也都不能扰乱他的心。

增品进德

古人教育子弟，宁可没有钱财，但不能没有骨气；宁可没有地位，不能没有人格；宁可失去一切，不能失去道德。一个人想要顶天立地，做到所谓“仰不愧于天，俯不怍于人”的坦坦荡荡，除了做人心胸要豁达，处事往来要圆融，品德各方面也要有所增进。怎样增品进德？

第一，好学近乎智

一个人要增长智慧，最要紧的是养成好学的习惯美德。你能好学，就能从基本的生活技能、语言、自然、历史、经济、科学、哲学等，上至天文，下至地理，各种范畴都有所涉猎研究，无所不通，慢慢开拓知识领域，就能成为一个智人。

第二，力行近乎仁

力行，就是要身体实践，它不是挂在嘴上说说而已，而是实际执行。凡是好的事，不是说的，而是做的，凡是好的话，也不是说了就算了，也是要去做的。大凡心存仁爱的人，宁可自己吃亏不要紧，他会想到要照顾别人，好比菩萨以力行精神来爱护众生，甚至可以舍去自己的生命，来成全众人的安乐。因此，身体力行的人是一位仁者。

第三，知耻近乎勇

耻，是一种惭愧心，耻于自己有所不知，耻于自己有所不能，耻于自己有所不净，耻于自己有种种的不足。知耻就会勇敢，发奋图强，知耻就会向上，努力不懈。知耻的人，肯面对自己的缺失，能认错改过的人，品德自然增长。

第四，恻隐近乎慈

孟子说："恻隐之心人皆有之"，恻隐之心就是佛教的慈悲。《大丈夫论》说："一切善法，皆以慈悲为本。"一个人可以失去世间上所有的金钱、感情、物质，但是不能失去慈悲。把慈悲用在有智慧的人，智慧能普被众生；把慈悲用于人性，人们会更加仁慈；把慈悲用于勇敢的人，勇敢就会更有力量。

人要增品进德，除了童子军的"智、仁、勇三达德"外，还要加上慈悲。有语云："智者无烦恼，仁者无困顿，知耻能上进，慈悲最吉祥。"

修业

每个人的一生，都要经过求学、创业的过程，甚至终其一生都在不断地进德修业。所谓“业”，包括自己的学业、事业、德业等，也就是要修正自己的行为、充实自己的智能、创造自己的功业。所以不管在知识学问、品德操守等各方面，都要日有所增、时有所进，才不会虚度光阴，马齿徒增。关于如何“修业”，有四点看法：

第一，对自己要有信心

一个人什么都可以失去，但不能失去信心，没有信心的人，就无法给人信心。甚至，自己都无法自我肯定的人，当然也不能取得别人的肯定，所以，一个人必须对自己产生信心，对于自己的所短和所长一目了然，认识清楚，才能开拓自己的前途。

第二，对事业要有热心

世界上每一个人都希望自己能建功立业，希望自己能不断地成长、不断地进步，甚至越来越富有。不管你从事士农工商，甚至最时髦的科技事业，如果你不进取，没有热忱的心，对自己的事业没有工作的使命感，没有爱好与兴趣，事业必定做不好。所以，哪怕自己只是一个打字员、秘书、出租车司机，或者工厂里的基层员工，最重要的就是对工作要有热心，能把工作当成生活的一部分，对工作抱持兴趣、热心，不但时间容易打发，人生的意义也会不一样。

第三，对学问要有专心

人生“活到老，学不了”，即使是在学校任教当老师的人，也是一种学习，所谓“教学相长”，所以我们做学问要有一种钻研的心，要不断地研究，不断地求取新知，有时候就是在教别人，也能从教人当中吸取一些经验，此即“教不倦、学不厌”的治学态度。

第四，对修持要有悟心

每一个宗教，不管佛教、天主教、基督教、伊斯兰教等，都有各自的修行功课。即使是儒家，他们也重视内省的功夫，乃至要“吾善养吾浩然之气”。修持要有体证、要有证悟，要能感觉自己好像一下子懂了、我明白了、原来这样；能有修持的体验、心得，才能融入自己的身心血液中，才能成为自己人生进取的资粮。

修身

人要在社会上立足，首先要自我健全；自己健全了，才能开创事业，乃至负起对家庭、对社会、对国家的职责，此即“修身”而后才能“齐家”“治国”“平天下”的道理。

至于人要如何“修身”？有四点看法：

第一，居家要俭

“俭”之一字，妙用无穷。俭能致富，俭能养廉。一个人居家能节约用度，不奢侈、不浪费，本性必然朴实无华，自不会因为受了物欲的诱惑而作奸犯科，所以，俭约生活，是修身第一要。

第二，创业要勤

“物竞天择”“适者生存，不适者淘汰”，这是大自然的生存定律。人自不能例外，人要想在世间上生存，必得有谋生的能力，也就是一般所谓“成功立业”的条件。人凭什么建功立业？有的人靠家世背景，有的人靠聪明才智，但并非人人都如此幸运。不过有一项人人平等的天赋，那就是“勤劳”。“勤能补拙”“一勤天下无难事”，勤劳是每个人最优厚的资本，创业要靠自己勤劳，才能成功。

第三，待人要谦

人际相处，能够赢得别人好感的一个最重要的秘诀，就是谦虚。人和人之间，你再富贵、再能干，如果你傲慢，不懂得谦虚、谦恭、谦让，别人不会喜欢和你来往，任凭你再有办法，所谓"独木难成林"，你不得人缘，最后还是难以成事，所以，待人要谦恭，要礼贤下士，才会获得人助。

第四，处事要平

人是感情的社会，有情感难免会有好恶选择。当处事时，心要均平，对人要平等待之，对事要公平处理，不可以因自己的喜怒、爱憎，或是只顾着站在自己的立场着想，而有所偏颇，否则别人就会有所比较、计较，自然纷争迭起。因此，人际要和谐、世界要和平，唯有公平、平等，才有实现的一天。

"修身"看起来好像是个人一己之事，其实推展开来，国家的安定、世界的和平，都必须由每个个人做起；修身的重要不言而喻。

人身无常

一般人听到无常就不喜欢，认为"无常"就是没有，其实因为"无常"所以变化无穷。无常是宇宙大自然的现象，比如世间无常，成住坏空；物质无常，生住异灭；人命无常，生老病死；好景无常，乐极生悲；聚散无常，生离死别；人情无常，冷暖炎凉；世态无常，沧海变桑田，桑田变沧海。"飘风不终朝，骤雨不终日"，则是气象万千的无常写照。我们看似实有的身体也是一样，如泡、如幻、如梦、如影。因此，身体的无常有四点：

第一，是身如泡，不得久立

人的身体，来自父母的精卵结合，这地、水、火、风等四大组合的物质体，是无法永远存在的。犹如排水沟里有不少杂物聚集、碰撞，产生了聚沫水泡，在时节因缘刹那的变化更新之中，破灭、生起，生起、破灭。

第二，是身如幻，从颠倒起

我们这个身体是幻化不真的，比如我们今生姓张、王、李、赵，百年之后转世投胎，换成另外一个人身，或许叫做约翰，或许叫做玛莉，甚至成为猫、狗、小鸟等等。所以我们执着今生的张、王、李、赵，或是约翰、玛莉，都是如幻化的颠倒见解。

第三，是身如梦，从妄见起

人生如梦，“梦里明明有六趣，觉后空空无大千”。唐朝诗人李白在《登高丘而望远》里云：“登高丘，望远海。六鳌骨已霜，三山流安在？”“盗贼劫宝玉，精灵竟何能？穷兵黩武今如此，鼎湖飞龙安可乘？”岂非是身如梦，从妄见起！

第四，是身如影，由业缘现

我们每一个人在光线之下，都有个影子在跟随着我们。如《列子·说符》所载：“形枉则影曲，形直则影正，然则枉直随形而不在影。”影子如同我们的业缘，由身体所造作的身、语、意业，也是这样的因果关系。

人身无常，正因为无常，所以能不断地更新代谢；借由如泡、如幻、如梦、如影的人身，可以成就常、乐、我、净的涅槃境域。

人身之患

有三个修道人在森林里谈话，论及世间什么最苦？有一个修道人说，世间最苦的是没有东西果腹的饥饿。另一个修道人说，世间最苦的是没有水喝的干渴。最后一个修道者说，世间最苦的是自己想要的东西不能得到。此时，佛陀刚好经过这个地方，听到他们的谈话，佛陀就说："人生最苦的莫过于我们有这个'身体'。因为饥饿、干渴、求不得的苦，都缘于有这个身体。"所以老子说："人之大患在吾有身。"《法句经》亦云人身之患有四点：

第一，热无过于嗔

一个人嗔心生起的时候，就像是引火自焚，会烧毁自己的理智，烧毁自己的修养。尤其嗔怒过度，会败坏内心的和气，失去做人的正道，导致事物乖逆不顺。好似大火在原野上燃烧，大家都不敢靠近，哪里能扑灭得了火呢？

第二，毒无过于怒

《大智度论》云"嗔为毒之根，嗔灭一切善"。嗔怒一起，桌上的碗，可以把它打破；椅子、凳子，可以把它踢坏。嗔怒一起，小则引起诉讼，大则亲族相残，引爆战争，哪里顾得了人情义理？哪里有是非得失？所以佛陀说："杀嗔则安稳，杀嗔则无忧。"

第三，苦无过于身

我们的身体有饥渴、疾病、劳役、寒热、刀杖等众苦所缘生的苦。再加上原本顺乎己意的乐境，时过境迁，或因故遭受破坏，而"乐极生悲"或"丧亲之痛"等逼迫身心的坏苦，乃至三世迁流，刹那无常的"时光飞逝"的行苦，都是因为有这个聚合的"身心"，致使苦不堪言。

第四，乐无过于灭

人生最快乐的，是让我们的身心进入寂静涅槃之中，那是一个灭除一切痛苦的究极理想境地，是净化贪爱，舍离执着，拔除烦恼，息灭欲念的世界；是一个一大总相的常寂光世界。只要我们通过佛法的修持，拥有般若的慧解，舍弃贪嗔痴烦恼的束缚，当下就能获得清净自在的涅槃境界。

立身处世

我们常常听到人家说“与其……不如……”“与其将来……不如现在……”“与其给他……不如给另外一个人……”在生活中，经常要面对的“与其”与“不如”，不知凡几，其实这就是我们自己立身处世的一种选择。到底要作什么样的选择，才是立身处世之道呢？以下四点：

第一，与其贪图富贵，不如安于淡泊

每个人各有自己的人生观，有的人希望富贵荣华，有的人甘于淡泊。荣华富贵人人爱，固然欢喜，求不到，内心也苦恼。或者没有努力付出，就想妄求，更是镜花水月，虚幻不实。假如你的因缘具足，富贵荣华自然会来，因缘不具，强求也不能获得。因此，与其空图荣华富贵，不如心中甘于淡泊，还来得踏实一些。

第二，与其责备他人，不如反省自己

有的人做什么事，遇到困难了，就怪你、怪他，做不成功，就推诿过失，嫌这个人不好、那个人不对，都是责备他人。与其责备他人，让自己心中不平，甚至招致别人的反弹、怨言，不如反省自己，自己在事情过程当中，有什么缺失吗？有什么不当吗？有什么不周全的地方吗？能把一件事情前因后果检讨、反省出来，这才是下一次成功进步的因缘。

第三，与其锦上添花，不如雪中送炭

看到人家中头奖了，我们去道贺，看到人家发财了，跑去给他恭维，这叫作“锦上添花”。锦上添花固然不是坏事，不过，与其如此，不如雪中送炭来得更让人觉得温馨。社会上，还有很多饥寒交迫的人，需要我们给予协助；许多失意的人、受到挫折的人、疾病不愈的人，更需要我们给他鼓励、给他方法、给他希望，才能从困顿中走出来。所以，与其锦上添花，不如雪中送炭。

第四，与其亡羊补牢，不如未雨绸缪

一件事情做错了及时改进，固然还有补救的余地，然而，如果要每次错、每次改，不如在事情没有发生之前，就把它规划仔细一点，谨慎安排一点，让错误降到最低点，才不会空费时间、人力，损失诸多成本，这才是最重要。

以上“与其”与“不如”这四点的立身处世之道，可以给我们参考。

以身作则

一般人都知道，所谓“身教重于言教”，一个人的为人、行仪，都不正当，想要指导别人，这是不可能的。反之，自己行为健全、语言正当、心地善良，自然影响他人，语云：“不言而教”，你不说话，别人都要跟你学。因此，无论什么人，都要以身作则。尤其怎么样的人，更需要注意呢？以下四点：

第一，父母为儿女以身作则

父母要为儿女以身作则，因为他的一言一行，都是儿子、女儿模仿的对象。如果父母老是吵架，当然儿女的性格就会好斗、好辩；父母日日在外应酬，不回家吃饭，儿女怎么肯天天待在家里？父母烟酒不离，却不准儿女抽烟、喝酒，他怎么会服气？父母说谎，叫儿女诚实；父母自私悭吝，要儿女服务奉献，这些都是难以做到的。因此，父母的一言一行，对儿女的影响实在至关重要。

第二，老师为学生以身作则

老师是学生的模范，但别以为当了老师，学生就不敢反抗你，其实他对你是尊敬？反感？必定有他自己内心的看法。所以，身为老师，要取得学生的信赖、获得学生对你的尊敬，你必须说话具备知识、语气要尊重公平，行止威仪要端正，如此，才能做学生的榜样。

第三，主管为部属以身作则

身为主管者，以德领众最重要，千万不可有本位主义，尤其敷衍推诿最是要不得。做一位主管，能以身作则，多一点勤劳、多一些规划、多一分慈悲、多一分智慧，依部属个人的体力、性向、能力去要求，不以自己的条件为标准，抱着"舍我其谁"的承担态度，必定受到部属的尊重。

第四，为政为全民以身作则

上自国家领导人、各县市的领导，到人民代表等，他们的一言一行，都是全民的榜样、全民的模范，人民的双眼，都是看着你怎么说、怎样做。假如执政者贪赃枉法、不负责任，如何叫老百姓奉公守法？从政者官僚自大，民间风气又怎么会端正善良？以前人说："人在做、天在看。"现在是民主时代，人民自然也会监督执政者，因此，执政者身教更要重于言教，以身作则，为人民做榜样。

《禅林宝训》说："做长老有道德感人者，有势力服人者。犹如鸾凤之飞，百禽爱之；虎狼之行，百兽畏之。"无论是父母、老师、主管、执政者，"以身作则"都是立身处世、获致尊重的不二法门。

修身津梁

房子漏了，要修补一下；衣服破了，也要缝补一番。我们的眼耳鼻舌身的行为，很容易犯错，如果错了不改，就如同东西坏了不补，就会成为废弃物。所以修身养性，是我们为人处世的第一要件，兹有四点意见提供参考：

第一，修身能令气质高雅

一个人平时如果懂得重视自己行、立、坐、卧的威仪，所谓"行如风、立如松、坐如钟、卧如弓"，一言一行，都能讲究分寸，真正把内心的慈心美意，融化到眼耳鼻舌身的根器里，则此人的气质必定高雅，必能受到他人的尊重。有人以为人生只要有钱就好，平时不重视行为，但是金钱能买到新衣服，穿起来却不一定雍容大方；金钱可以买到化妆品，妆扮起来也不一定有气质。气质要靠平时的修养，要从内在养成，不是靠外在的妆扮可得。

有的人五官不是很美，但是有修养的气质，一样能令人心仪，所以从五官四肢、动作行仪中，可以看出一个人的气质。

第二，修身能令态度庄重

人的手脚肢体，并不是时时摩拳擦掌，就能让人看重你，也不是时时奔跑跳跃，就能让人喜欢你。最重要的是，态度要有规范，不能当坐不坐、当站不站；平时说话的表情，动作的手势，都要表现出庄重的礼仪。你的态度表达得很有分寸，你的行仪自然让人尊敬。有的人听了一句不如意的话，就失去了自己的风度；遇到一件不如意的事，就态度粗暴，有失庄重，这都是不足取。

第三，修身能令言行亲和

做人，不管你的地位多高，势力多大，金银财宝堆积如山，但是你的言语、行为傲慢、粗俗，也不会有人尊重你。国际佛光会提倡“做好事、说好话、存好心”的“三好”运动，就是要我们言语行为能够让人听了欢喜，啰唆的话不要说，无意义的话也不讲，伤害人的语言，粗鲁的动作，都要能加以注意。言语行为要能散发亲和的力量，让人跟你在一起，听你说话能如沐春风，看你的行为动作很有艺术动感，自然近悦远来，朋友都乐于和你亲近了。

第四，修身能令进退得宜

孔子说：“非礼勿视，非礼勿听，非礼勿言，非礼勿动。”所以一个注重修身的人，当说则说，当行则行，要有进退。现代的人，不当说的时候放言高论，应该发言的时候，却又静默不语。在《阿含经》里提到五种“非人”，其中之一就是“当说不说”。不过，一个人如果说话言不及义，或是唠叨不休，即使家人也会生厌；假如行止进退不知分寸，自己站的位置，自己坐的地方，一概无所知，则天地之大，哪里有你容身之处呢？所以，注重修身的人，对于访友、工作、家人相处、社交礼仪，都要懂得进退，否则难免被人嫌弃、看轻。所以，修身是很重要的。

宽恕之美

宽恕是对他人的一种体谅、包容与宽大。春秋时代，楚庄王的部将调戏他的爱妃，他以宽恕之心不予处罪，部下感动以杀敌回报恩德；齐桓公不念一箭之仇宽恕管仲，所以后来能九合诸侯，一匡天下，成就一代霸业。可知，宽恕能融化霜雪，亲见春阳；宽恕能滋润焦渴，获得清凉。宽恕有以下四点美德：

第一，能赢得敬重

人我相处，偶尔会产生摩擦、争执，懂得宽恕，不予计较，能获得对方敬重。现今社会，有些老师不愿宽恕犯错的学生，伤及他的自尊，怎能得到学生的敬重？父母稍不如意，即宣告与子女脱离关系，为何不多给子女一些宽恕与包容？身处世间，不论做何事、何种身份，能宽恕，自己能放下轻松；能宽恕，能赢得他人敬重。

第二，能融化仇恨

世界上，许多国家与国家战争、种族与种族仇视、宗教与宗教排拒，都是来自仇恨的情结。仇恨让心如热火炉，让人倍受煎熬；仇恨犹如身上刺，让人如坐针毡。冤冤相报何时了，苦苦相逼何时消？只有布施宽恕与谅解，将仇恨融化，彼此才能和谐共存，让心出狱，获得解脱自在。

第三，能感动人心

日本空也大师外出弘法，途中遇上劫匪。空也见了不禁潸然泪下，劫匪耻笑他是贪生怕死之徒，大师回答说："我想到你们年轻力壮，不为社会奉献己力，却打家劫舍，眼看将来要堕地狱受苦，着急得流下眼泪啊！"劫匪心生感动，自动皈依座下。宽恕，能感动人心；宽恕，能获得温暖，别人自然近悦远来，乐于与你亲近。

第四，能和谐欢喜

《三国志·夏侯玄传》云："和羹之美，在于合异；上下之益，在能相济。"要和平相处、欢喜融和，宽恕是不二法门。现今社会，看到有的夫妻之间、父母儿女之间、兄友之间、主管部属之间、政府民众之间，却是少了欢喜，多了嗔恚。宽恕，能少一分责备；宽恕，能多一分谦让，能够宽恕，人我会欢喜，社会能和谐。

宽恕，能赢得他人敬重，融化彼此仇恨，感动他人内心，更能促进人我之间的和气与欢喜。所以在为人处世上，多实践一分宽恕，就能让宽恕之美，来升华我们的人格，让宽恕之美，成为生命的活水。

耕耘心田

田地要靠农民勤奋耕耘，才有硕果累累；佛教将我们的心比喻为田地，也需要靠开发、灌溉、播种、耕耘，种种诚心、毅力，才能成熟增上，成为一片净土。如何耕耘呢？可以从以下四个方向着眼：

第一，播撒善美的种子

一颗种子看似微小，长大之后，却能开出无数的花、结出无数的果。假如我们在心田上播撒善美种子，如《无量义经》说："布善种子，遍功德田，普令一切发菩提萌。"一念善心、一句美言、一件善事，在日常生活中慢慢积累，都是成熟无限未来的好因好缘。如佛经中譬喻，小小尼拘陀树种子，可以结出成千上万果实，因此，千万不能轻视小小的一颗善美种子。

第二，灌溉忏悔的法水

衣服脏了，经过清洗，才能穿得舒服；身体污垢，也要沐浴，才能神清气爽；环境污秽，必须打扫，才能住得舒适。我们的心受到污染，要以忏悔的法水洗涤，心地才能清明。《佛说未曾有因缘经》云："前心作恶，如云覆月；后心起善，如炬消暗"，犯错不可耻，懂得忏悔改过，就能为自己找出一条光明大道。

第三，施与肥沃的养分

花草树木，因为施肥，而开出美丽的花朵；我们的身体，有了饮食的补充及适当的休息，就能健康运作。相同的，我们的心，也需要施与勤劳、发心、慈悲、忍耐等种种良善的养分，才会有丰硕的成果。好比想拥有聪颖、通达、灵巧，必须施与智慧、明理、判断；祈愿人缘有所收成，就必须主动、结缘、关怀，人际之间就能自在、顺利。

第四，启发心灵的智慧

语云："心田不长无明草，性地常开智慧花。"农民耕种，田里杂草不除，难有收成；心中的田地，长出无明草，若不拔除，遇事就容易为境所转、为情所困，难有所成。所谓"不怕无明起，只怕觉照迟"，无明起时，懂得觉照内心，当下降伏，智慧自然会现前。

外在的田地容易耕种、收成，内在的心田却不易开发、耕耘。虽然不容易，但只要肯发心发愿，勤奋努力，必能成就自己的一片心灵净土。

增上安乐

每个人都希望自己生活安乐，一般人以为吃得好、有钱花就是安乐。管子说："衣食足而后知荣辱，仓廪实而后知礼仪。"诚然，礼仪兴奸佞才不生，才能国富而民生安乐。真正的安乐，除了物质，更重视精神的世界，心里满足，即使生活不富裕，也能像颜回一样安贫乐道。那么，与人相处时，要怎样才能安乐呢？

第一，忠诚可以处世

为人处世要有忠诚心，我们平时能真诚待人，而且忠心、实在，在处世上面，就能感动别人。如晋文公攻打原国，讲究诚信，使敌军主动投降；诸葛亮在祁山与魏军作战，信守承诺，使士卒主动回营，奋勇作战。忠诚不但让自己的道德进步，在处世上也能通达，自然就可以过得安乐了。

第二，庄敬可以避祸

为人庄重，自敬自爱，就能时时进步，如果一味地贪图安逸，只会一天比一天疏懒。当一个人处世谨慎，对人庄重、尊敬，不得罪他人，一些人事灾难，就不会降临到身上。

第三，宽恕可以延寿

一个洞明世事的人，凡事反躬自省，宽宏大量，得饶人处且饶人，自己也能泰然自在。古德常劝人，遇到逆境，要能忍一句、息一怒、饶一着、退一步，如此就可以免难延寿。人生之所以痛苦颠倒，常常是我执太强，不能放下，所以，做人不要太计较，以宽恕养量，才能培养恢宏的气度。

第四，信仰可以进德

信仰可以使生命扩大。信仰真理的力量，使人有更大的勇气；面对致命的打击，使人有宽宏的心量，包容世间的不平。许多佛教徒以慈悲喜舍的精神，为人服务，从中开发自己的佛性，进而解脱生死烦恼；他们在净化自己同时，也能增福进德呢。

古之贤臣，忠于国君，取信于人民，广受众人爱戴；古之君子，反求诸己，对人尊重，处世有度，仁爱乡里，所以贤名远播；有道之士，以信仰来修身进德。我们在为人处世上，要不断地自我惕励，才能有“增上安乐”。

心平气和之方

人，处于顺境时，容易心平气和；一旦面对逆境，就难以平心静气。心平气和不是用在安宁闲暇之时，而是用在紧急危难之间。当大将在前方指挥，能够心平气和，则能理智清明，安然笃定；商人在商场上，利害交关的时候，能够心平气和，处之泰然，则必有所得。现在的青年学子，每遇考试时，若能心平气和，就会有好的成绩；警察处理违章事故时，如果心平气和，则能获得人民的尊重。

心平气和是做人处事的最大修养。如何才能在人际往来之间，让自他都能保持心平气和呢？有四点意见：

第一，遇人争执斗争时，没有偏颇

人常常在与朋友、亲戚、邻居，甚至家人发生意见不合时，因为一句话而争执不休，因为一点利益而相持不下。如果你正处在争执、斗争当中，该怎么办呢？最要紧的是不可以偏颇，你帮这一边，另一边的人会不欢喜；你帮了那一边，这一边的人也会不高兴。最好是保持公正、公平，不要偏颇，才不会招致怨恨。

第二，遇人冲动粗暴时，心存和善

我们在社会上做人处事，常会遇到一些朋友、亲戚，他很冲动、粗暴。当你面对一些凶恶、不和善的人，该怎么办呢？你不必跟他半斤八两，最好的方法就是心存和善。他情绪不佳，他动粗，我体谅他，我不动粗，我心里非常和平、善良，如此就能解决问题。

第三，遇人执着不解时，不强进言

有时候我们遇到别人在争吵，双方僵持不下，彼此都很坚持，不肯和解。这时你不要硬充和事佬，不必强要替他们排难解纷，甚至想要拉拢他们和平。因为人在气头上，再好的道理他也听不进去，正是所谓“不可理喻”。所以，如果你想进言，一定要等他们冷静下来以后，这时从旁委婉地分析，或许能发挥劝解的效果。

第四，遇人是非不明时，保持沉默

当别人有了纷争，你一时没有弄清楚来龙去脉，不知道究竟谁是谁非，这时最好保持沉默。等到实际了解情况，知道事故的原委以后，再去调解、帮助，才不会弄巧成拙，甚至帮了倒忙。

人要争气，不要生气，生气不能解决问题，心平气和才能开发智慧，有智慧才能找出解决之道。

广结善缘之法

一日，明太祖朱元璋微服出巡探访民瘼，到一古庙，忽觉口渴，有一农夫适时奉上一杯茶，明太祖感激之余，赐农夫为县令。当地一名书生闻晓，心里极为不平，便于古庙作一对联："十年寒窗下，不如一杯茶。"翌年，明太祖重游此庙，见此对联，知道是针对自己而题，遂提笔写道："他才不如你，你命不如他"。

佛教以为："未成佛道，先结人缘"。懂得广结善缘，才会有人缘，才能得道多助，如同农夫，也是先有一杯茶与明太祖结的善缘，而后才有获得官位的果。在做人处事上，广结善缘很要紧，如何做到？有四点意见：

第一，关怀他人要多赞美

赞美是世间最好的语言，无人不欢喜获得赞美。尤其别人失意时，你对他适时的关怀、问候，如同寒冬送阳，能激发对方的信心，让他振奋心情，重燃希望。常言："口边就是缘"，对他人施予关怀，也为彼此结下好因好缘。因此，关怀赞美是结缘的最佳妙方。

第二，面带微笑要常问好

中国人重视"见面三分情"，既然有缘相见，经常保持笑容，真心问候，给人感觉如沐春风。好比处在陌生环境，一个微笑，能化解不安的心绪；人我之间有了芥蒂，一声问好，能驱散阴翳。所谓“嗔拳不打笑脸人”，微笑代表友善与沟通，能相处融洽，减少摩擦；常常与人问好，对方得到你的安慰、鼓励，彼此间，即已结下一份善缘。

第三，言谈举止要能温和

与人来往，态度盛气凌人，或语带讽刺，容易令人心生畏惧而不愿亲近。佛门教导学人爱语才能和众，“爱语”即是以体贴温和的语言待人接物。先秦时代，僧伽提婆大师来中土，译出许多佛教典籍，也开启南方译经的风潮。他尤以开朗的气度、温和的举止和诲人不倦的精神，感动了当地许多人心，无人不乐于与之亲近。可见言谈举止温和有礼，能广结善缘。

第四，有事相求要不推托

人际之间是相互成就的，都需要别人的帮助。因此，他人有所困难请求相助时，不轻易推托，花一点时间，吃一点亏，发心与对方结缘。如果自己真的力有不足，所谓“拒绝要有代替”，也要顾及对方的尊严，如语带和缓婉拒，对方自能感受我们的善意。愿意为人付出，播下的善缘善种，久而久之，自会开花结果。

人我相处，只要愿意为人服务，哪怕是一个点头、一脸微笑、一句赞美、一臂助人，都是结缘。

实践慈悲

世间何处能无“慈悲”？工作中没有慈悲，会有上下隔阂；生活中没有慈悲，会有计较分别；人我间没有慈悲，则无法融和尊重。《大丈夫论》说：“一切善法，皆以慈悲为本。”慈悲是做人的根本，我们宁可没有学问、能力、金钱，但不能没有慈悲。如何实践慈悲？有四点意见贡献：

第一，对年轻人要教育鼓励

教育青年学子，应以鼓励代替苛骂责备。仙崖禅师对翻墙夜游的弟子不怒不骂，只是叮咛：“夜深露重，小心着凉。”此乃禅门教育的慈悲；佛光山培养青年“以养兰之心护覆，以植苗之诚培养”，也是一种慈悲教育。历史上，成连指导伯牙弹琴，范仲淹教育狄青读书，无不是以慈爱代替呵骂，以关怀代替放纵。对于年轻人的教育，给予慈悲、鼓励，更易收到正面的效果。

第二，对老年人要关怀尊重

老人最怕被家人遗弃，这种忽视，会带给他精神上的痛苦。老人需要关怀、照顾，给予尊重。有一次，长老舍利弗带领僧团到外地弘法，年轻比丘互争养息处，舍利弗无位可睡，只好在树下打坐度过一晚。佛陀知道后，集合大众开示道："过去，鹧鸪、猿、象三个朋友，事事都要争，却什么也得不到。最后决定由一位年高长者作出判断，依他的教诫修行，结果相安无事。希望大众不要罔视长幼的礼教，对长老要恭敬奉事。"老人的智慧、经验不可忽视，佛陀所述，诚哉斯言也。

第三，对残疾人要体贴辅导

药师佛十二大愿之一："若诸有情其身下劣，诸根不具，丑陋顽愚，盲聋喑哑，挛躄背偻，白癞癫狂，种种病苦，闻我名已，一切皆得端正黠慧，诸根完具，无诸疾苦。"我们应效法药师佛的悲愿，对残疾人体贴、辅导，给予方便，以感同身受之心，实践慈悲之行。

第四，对失意人要开导规劝

战国时，庄辛以"亡羊补牢，犹未晚也"鼓励被流放的楚襄王东山再起；迦旃延为失意的穷妇人开导规劝，使之心开意解。对于失意人，应给予开导、规劝、鼓舞，让他有再生的希望。

观音菩萨化身千百亿，度众于娑婆；地藏菩萨大悲愿力，救苦于地狱；佛教不忍众生苦，故不食众生肉，展现慈悲胸怀。慈悲是不以己悲，不以物喜，却以"以天下之忧而忧，以天下之乐而乐"的胸怀，对待周围人、事、物。多一分鼓励、关怀、体贴、开导，就能多一分慈悲的心肠。

慈悲的种类

我们经常可以听到两句话："慈悲为本，方便为门。"一讲到"慈悲"，一个人什么东西都可以丢弃，但是慈悲不能丢弃；假如一个人没有慈悲心，他就不像一个人了。慈悲心也要学习，在内涵上，它也有不同的种类，不同的层次，以下作四点说明：

第一，寂寞的慈悲

有的人默默行善，他不挂念没有人知道，也不要感谢函、奖状、匾额等形相上的赞誉，他只是老实地布施给人，尽自己的能力帮助别人，施钱、供茶、喜舍结缘、推动文教，他对人作了多少贡献，看起来没有人表扬，没有人赞美，但是他内心很充实、很法喜。

第二，热闹的慈悲

有的人很有慈悲心，他看到这个人做善事，也跟着去做；那个人去修桥，也随喜赞助；听到那里有海啸、地震、天灾，大家忙着救济、捐钱，他也要去帮忙救济。这都是很好的，但是这还只是热闹的慈悲、一时的慈悲。因为，外在物资的赈济有限，一旦用完了，就没有了。人心也需要赈济，让它解脱苦恼，不断扩大升华，得到身心永恒的安顿依止，才是永久的慈悲。

第三，有缘的慈悲

有缘的慈悲就是对我的家人、父母、兄弟姐妹、朋友、同学、同胞等，举凡跟我有关系的，他有困难了，我跟他有缘分，我跟他有关系，所以我要对他慈悲，给他帮助，这是有缘的慈悲。

第四，无缘的慈悲

有的人选择对象帮助，但是你不选择，就是无缘的慈悲。比方他不是我的亲戚朋友，我不认识他，甚至彼此的身份不同、国家不同、种族不同，不过，我知道他有了苦难，我就要去帮助他。无缘的慈悲，可以说是慈悲当中最重要的慈悲、最好的慈悲。

慈悲心的开始，当然是从"有缘的慈悲"做起，但慢慢地要升华，就像观世音菩萨大慈大悲，救苦救难，他不需要有缘分，只要你有苦难，他就来了。因此，我们应该学习这种"无缘大慈，同体大悲"的精神。"热闹的慈悲""一时的慈悲"之外，我们更要重视"究竟的慈悲""永恒的慈悲"，这就要从文化、教育等净化人心做起，才是根本之道。

慈悲，人人都应要有，慈悲，人人都应学习。

受人尊重

《戒香经》云："世间所有诸花果，乃至沉檀龙麝香，如是等香非遍闻，唯闻戒香遍一切。"我们在世，除了求得衣食温饱，谁不希望能贡献自我，造福于社会乡里，进而获得社会大众认同与尊重呢？但要受人尊重，除了贡献所学之外，还须涵养人品与道德，自然就像"戒香"能远扬，受人拥护与爱戴。要具备哪些条件，才能受人尊重呢？提供四点参考：

第一，恭敬则人不轻侮

语云"佛法在恭敬中求。"其实，何止是佛法？每一种世间法也都必须存有恭敬之心才能求得。明朝与李时珍齐名的名医王肯堂，已经是医名鼎盛之时，为了求得更上一层楼的医术，不惜以伙计身份至另一名医薛延卿处学习，其后著有《六科准绳》，与李时珍《本草纲目》齐名。这正是"能下于人者，其志必高，所至必远"。我们对人恭敬，行为谨慎，不但自己过得心安，人家也不会轻慢、侮辱你。其实人与人之间的摩擦，许多都来自本身对人言语行为的不慎。

第二，宽厚则大众拥护

世间至宽至厚者，无如大地。因大地之宽，所以能涵容五道众生共居一处；因大地之厚，所以万物皆赖以生长。如果你待人处事宽厚，对人讲求道义，大家从你身上感受到了安心与欢喜，自然心甘情愿地来拥护你。台湾宏碁集团前董事长施振荣先生，人称“计算机品牌教父”，主要是因为他无私贡献出自己的智慧，并乐于与员工分享成果，才有今日的“泛宏碁集团”。

第三，真诚则受人信赖

古人做生意，都讲求“童叟无欺”，做人能讲求信用，生意自然就会找上门来，至少在人格上比较光明。美国的国父华盛顿，小时候砍了父亲最喜爱的樱桃树，就懂得宁可接受责怪，也要诚实认错，因为他有承担错误的“能力”，所以长大后能有做大事的条件。如果你很真诚，人家会争相任用你，因为你的人格具有“能量”。如果想偷工减料，人家就不愿意再找你合作，由此影响，无论是个人信誉或事业前途都已经是个失败的定数。所以说真诚与无欺，更是现代人所应建立的心灵能量。

第四，勤敏则日渐有功

“勤于学则敏于事”，也可说“勤于事则敏于学”，人对事物的领悟能力，除了先天的聪明，还要经过世间诸事的锻炼。罗马不是一天造就的，金字塔也是一砖一石慢慢建立起来的。如果你勤劳又敏捷，首先自己每个当下都会有充实的感觉，这种心灵健康的感觉，可以令自他都欢喜。另外，在人群之间，由于你的殷勤与敏锐，渐渐建立你的功勋，自然渐渐地受人重视。只要我们今天勤劳、明天勤劳、日日勤劳、年年勤劳，长久的好习惯养成了，必定能受人欣赏，引起人们的重视。

时下的青少年朋友，也许比过去的人还要更聪明得多，可惜就是没有历练出耐烦、耐久、耐重的能力，稍微吃了一点亏、受了一点苦，或是一点点的委屈，就受不了，这样如何成为大器之人？多吃一点亏，多受一点苦，多一点努力，涵养出勤快而敏捷的特质，必定日渐有成。毕竟一个人会成功，不单只有聪明才智与学历，而是内心器度要有深厚功夫。所以，具有器度，才是决定一个人往后成就的关键。

如何受人尊重

每一个人都希望能够受到尊重，但是，要想人家对我们好，必须我们自己要能发自内心地喜欢，进而去尊重别人，培养人与人甚至人与万物间共尊共荣的理念，否则，如何能够赢得尊重呢？就像我们朝山谷中大喊一声“我爱你”，山谷也会大声回应“我爱你”一样。因此，要想得到他人的尊重，须有四点：

第一，要有爱护大众的慈悲

《孟子·离娄》下篇说：“爱人者，人恒爱之；敬人者，人恒敬之。”人与人之间的关系，爱和敬总是相互的，因此，应常常自省平日对大众有没有慈悲心？凡事有没有先替他人着想？有关心别人、爱护别人吗？我们先要“心中有人”，随时给人慈悲关怀、体谅宽容，才能获得相同的对待。

第二，要有行止庄重的威仪

《论语》云：“君子不重则不威”。社会上的服务业讲究“以客为尊”，重视礼仪训练。像各国选美，除了智能才艺之外，也还要有优雅的谈吐及庄重的仪表，而佛教更重视“四威仪”的养成。所以，一个人说话粗俗不正经，行为轻佻不正派，是无法受人尊重，也是难登大雅之堂的。

第三，要有道德忠诚的气度

美国著名的西点军校，培养优秀领导人才，除了专业智能与堪受魔鬼训练外，“有品德的领导人”更是西点造就学生的重点。因此能否得人尊重，并不全然因为外在条件，或者容貌的美丑来做定论，为人“谋而不忠”，对人不能忠诚以待，自然不能让人信赖。

第四，要有情理通达的涵养

《佛光菜根谭》云：“道理就是路。”有时候我们被人瞧不起，常常是因为我们自己不讲情理，说出来的话、做的事情没有道理，甚至于对世间与人生的看法也不合理，属邪知邪见。俗言：“秀才遇见兵，有理说不清”，这样性格的人当然人人躲避。

一个人的人格、品德，必须要有涵养，要有价值，有些人虽富有，但恃财凌人、财大气粗，被人讥评为“土豪”；也有些人依靠所谓学术专业，颠倒混淆，操弄是非，不但不能受人敬重，还被耻为文化流氓；更有政治人物只贪求个人名利，罔顾百姓福祉，最终也无法得到人民的认同。因此，做人如要被人尊重，以上这四点建议，是应该做到的。

积善成德

佛教有一部《法句经》，对现实人生体验，充满敏锐的洞察力，其中并指导我们如何把善事、好事积聚起来，成为功德善事。好事、善事在平常一件一件地做，做多了就会有功德。就像圣者不选择，积累许多大小善德，才成就崇高的人格。如何积善成德？《法句经》说有四点：

第一，善法多闻

现代一些青年学子常常不会读书，追究原因，不是因为他不聪明、没有智慧，主要是因为他没有接受，没有听闻，没有谛听。好话听不进去，道理自认为懂了，如此，有再多的好书、再多的善知识，又怎么会进步呢？所谓"闻善言而着意"，多听善法，听到好话，听到重点，人生会有智慧。

第二，善念多思

我们的念头，不断地生灭、不断地起伏，所以佛教教人以念佛、诵经种种方法对治。其实，佛不要我们念他，主要是借助于念佛的正念来帮助我们；经也不要我们来念，是念经之后，让我们的心得到安定、善念增长。心有善念、获得正念，才能有正确的思考，遇到挫折，才会勇于承担，才会活得光明、自在。所以，常言心存善念才会有福报。

第三，善事多做

人生发展是好是坏，除了外在的因缘条件，还要靠自己积德修福。所谓“积善之家，必有余庆”，不论是对个人、团体、乡村、城市，乃至社会、国家有所帮助的，只要能力所及，甚至救贫济苦、铺桥造路，或者救人一命，不妨多做，多做善事，能增长福德。

第四，善行多赞

别人做善事，要多赞美，不要以为赞美别人做善事没有什么意思。他人做善事，你心里欢喜，这和做善事的功德是一样的；他做善事，你肯赞美，也等于你做的一样，这也是一种方便讨巧的修行法门。但是，人有劣根性，别人做善事，不但自己不跟着做，甚至还要不欢喜，嫉妒他，打击他，双方都没有获益，实在可惜。

生命要有所开展、提升，平时不可小觑小小因缘，积少就会成多。好比聚集水滴可以成河流，汇纳百川可以成大海，相同的，多闻善法会有大智能，多思善念能降伏妄想贪念，多做善事可以累增福德，多行赞美会传播欢喜。

养量

一个人要养能、养学、养德、养心、养气，重要的是要先养量。你有一分气量，便有一分气质，你多一分气量，便多一分人缘，可以说，量有多大、包容有多大，成就就有多大。胸量有天生而成，也有后天培养，多读历史上的名人故事，想想自己的胸怀气度，都是养量的方法。除此，也有以下四点意见：

第一，若要德业成，先学处穷困

要想完成人格、道德，先要学习安住穷困的日子。好比孟子所云："天将降大任于斯人也，必先苦其心志，劳其筋骨，饿其体肤，空乏其身，行拂乱其所为，所以动心忍性，增益其所不能。"有时候，穷困的生活，会激励一个人具备更大的悲心悲愿；反之，习惯安逸自满的人，其局量必不大，因此，要能经得起困乏的苦行，戒慎骄满，才能养量。

第二，若要无烦恼，唯有要知足

人都希望过得解脱自在，不希望有很多的烦恼，要想没有烦恼，必须先养成知足的心。知足，会感恩拥有，知足，会增加气量。知足的人，他不会感到匮乏，而汲汲追求，满足欲望；知足的人，他不会钻营自私，只图利自己，不顾别人。这样的人，气量怎么会狭小呢？

第三，若要肚量宽，能堪受冤枉

怎样才会有量？你必须在境界里，一次一次接受境界的煎熬、考验。刚开始，可能会随着境界所转，慢慢到不为境界转动，才能逐渐养成。尤其要能堪受冤枉、受委屈，能够不要太过介意，能够不为不如意事所累，经得起委屈、经得起冤枉，甚至学习吃亏，便宜先给别人，久而久之，你的福报就来了，气量自然大起来。

第四，若要心情好，日日无懊恼

每个人都希望自己的心情很欢喜、很安然，但是要怎样才能做到呢？“日日无懊恼。”也就是说，我们每天做的事、说的话、与人相处，都能不懊悔、不烦恼，就能安然自在。尤其见人一善，就要忘其百非，倘若只看见别人的缺点，而看不见别人的优点，是无法有气量的。能够有“日日无懊恼”的功夫，你渐渐就会有量了。

平时凡是小事，不要太和人计较，要经常原谅别人的过失。假如你肚量小，不能容人，别人又怎么会容你呢？你能把虚空宇宙都包容在心中，那么你的心量自然能如虚空一样广大。因此要以宽厚为师，有量的人，必定不会吃亏的。以上四点是养量的好方法。

放逸之过

一个恣心放逸生活的人，他不以规矩行事，太过闲暇、浪荡、随便，就容易乐极而害至，造成过失。放逸之过有哪些？有下列四点：

第一，权力大者缺诚

一个权力大的人，容易流于不谨慎、不用心，过于放逸，就会缺少诚意。古人有云："忧劳可以兴国，逸豫可以亡身。"后唐庄宗李存勖承父命，南征北战，终得天下，后来却因宠信伶人，纵享声色犬马之乐，三年之后就国灭身亡。一个位高权重者，若不谨言慎行，危机终将来临。

第二，功劳高者缺义

一个立功的人，如果没有时时自我省察，容易得意忘形，缺少道义，而导致失败。好比我们看《三国演义》，一看到关羽之名，就感到他义薄云天；一看到曹操，明知他有霸业，却也只能称他"奸雄"。

因此，立功者缺少信义，功德就难保于身。反之，不恃功骄纵，"以德倡廉、以俸养廉"，必能获得大众的拥戴与信任。

第三，放逸多者缺勤

有的人好闲荡、喝酒、打牌、跳舞、游戏，甚至抱着“说者由他，行者在我”的心态，这样不务正业，虽有快乐，却是短暂而空虚。人生有期限，岁月不待人，认清自己的长短缺失，勤恳奋斗，生活才会充实。否则，在人生道上白走一遭，那就可惜了。

第四，信用寡者缺德

俗话说：“人而无信，百事皆虚。”有的人讲话不算数、不守信、不守时，信用一旦破产，做人缺德，做事也难以成功。古人季布一诺千金、侯嬴一言为重，皆以信为命，今人香港白手起家的李嘉诚说：“经常有人问我，为什么能将事业做大？答曰无他，一字矣，‘信’。”所谓“人而无信，未知其可也”。信用实是人生无限的资本。

在世界上做人处事，对目标与方向，要不断地自我提醒。如同经典所云：“是日已过，命亦随减，如少水鱼，斯有何乐？众等当勤精进，如救头燃。”珍惜当下，用精进来对治放逸，才能培养善德、财富，并且尽形寿去做一些有意义的奉献，为国家社会及一切众生服务。否则大限一到，想做什么也来不及。以上四点“放逸之过”可以自我警觉。

卷三 | 识人之要

人，给人的观感，

除了外表给人的第一个印象以外，

还有一个很重要的内涵，

往往需要时间进一步相处，

才能察觉真相。

用人之道

人在世间上要想有所成就，必须会办事，还要会用钱，尤其要会用人。懂得“用人”的人，尽管自己无用，由于能善于用人，一样可以利济众生，造福社会。用人之道，有四点意见提供参考：

第一，要有和蔼的态度

做人，能以和蔼之容见人者，才能获得人和。因此，身为主管者，如果经常盛气凌人，必然不会受人欢迎，如果时常专横傲慢，也不会有人喜欢你。现在是民主时代，国家领导人都要下乡，深入基层、走向群众，展现亲民、爱民的一面，才会受人拥护；身为企业主管，要想让属下欢喜你、接受你，最要紧的就是要有和蔼的态度，要平易近人，才能上下交流。

第二，要有谦虚的胸怀

“满招损，谦受益”，做人谦虚一点，才能受人尊敬。所谓“敬人者人恒敬之”，做人最怕的就是“满瓶不动半瓶摇”。你看稻穗愈是成熟，头垂得愈低。所以，一个成功、伟大的主管，对待属下必然懂得虚怀若谷，谦虚以对。

第三，要有纳言的美德

有的主管凡事专断，只凭一己之见，完全不让别人有讲话的机会；或者别人讲话，他总是轻易地加以否定，完全没有接纳别人意见的美德。其实，一个会用人的主管，不但要鼓励属下有声音，赞许别人有意见，且要懂得“择其善言而从之”。主管能接纳属下的意见，才能上情下达。

第四，要有容人的雅量

古人说：“宰相肚里能撑船”。其实不只是做宰相要能容人，明白说，一个人的事业有多大，就看他的肚量能容纳多少；一个人的人缘有多好，也要看他的肚量有多大。所以，一个主管能有容人的雅量，才能与属下水乳交融，才能获得人望。

凡人皆有长短，只要懂得用人之道，取彼之所长，废铁也能炼成钢。用人之道不是只有主管才能应用得上，在家庭里，父母对待儿女，乃至兄弟姐妹之间，也有一些用人之道；在社会上，人与人相处，也有一些用人之道。事业做得愈大、官位愈高的人，尤其要讲究用人之道。“用人之道”方法很多，除了要懂得爱才惜才、量才适用之外，自己也要有用人的道德涵养，才能让被用的人敬重你、佩服你。

积极待人之法

每个人天天都要和人接触，和人接触就要会待人，待人有待人的方法。有的人待人严苛，有的人待人冷漠，有的人待人无情无义，有的人待人自私自利，这些当然都不会获得别人的欢喜。我们做人，凡事要替别人着想，要往积极面去做，才能获得人和。积极待人的方法有四点：

第一，待人要多理解，少猜忌

人和人相处，凡事讲清楚、说明白，不要在彼此心中留有阴影，否则容易“疑心生暗鬼”。因此，平时和朋友、邻居、亲人、同事相处，一旦发生任何事情，要开诚布公说明白，彼此要试着站在对方的立场去理解他、了解他，不要心存猜忌。时常猜想别人不怀好心，猜想别人心里打什么坏主意，这种猜忌的心态，是人际相处的一大禁忌。

第二，待人要多宽谅，少敌视

我们待人要宽容、要谅解，不要不怀好意；你敌视别人，别人当然也不会给你好脸色看。所以，一个人心中能对人多一点宽容，多一点谅解，朋友会越来越多；如果你的心胸狭窄，对人不能宽容体谅，自然很难交到挚友。

第三，待人要多用心，少怀疑

待人处事，可以多用一点心去观察别人的需要，了解别人的苦处，适时地给予帮助、安慰，甚至在他欢喜快乐时，真心祝福他，分享他的快乐，他会觉得很温暖，很感动。反之，待人不可以动不动就怀疑别人，经常用自己的成见去猜想、揣测别人，自然无法获得对方的信任，所以，用人不疑，疑人不用。

第四，待人要多包容，少排斥

待人要多包容，你的心量有多大，成就的事业就有多大。自古有一些人之所以能成就大事业，就是因为他的肚量大，能包容人，例如战国四君子，他们广招天下贤士，食客三千当中，不管你是人才、鬼才、大才、小才，他都能量才适用，而不会排斥你。所谓“宰相肚里能撑船”，你的心里能容纳多少人，就可以摄受多少人为你效力。同样的道理，你能容人，才能为人所容，才能发挥自己的长才，否则你排斥别人，别人自然也不能容你，如此即使你有再大的才华，不为人所用，终是蠢才。

人与人之间是相互的，你待人好，人也回报给你善意；你对人苛刻，当然无法获得人心。所以，待人之道凡事要往正面、积极面去做、去想，自然不会回收负面的效果。

如何看人

我们每天都会接触很多的人，在与人接触的时候，我们也会分别这是好人，这是坏人；这是我欢喜的人，这是我不欢喜的人。“看人”是一种艺术，也是一种智慧，有的人看人只看外表，看她长得很美，我好羡慕，看他长得好帅，我好喜欢。有的人看人只看一时，看他这个动作很斯文，看他这一句话说得很合我的意。其实，真正会看人，不能只看一时，也不能只看外表。

所以“如何看人”呢？有四点意见提供参考：

第一，勿以工作贱，而以人贱来看之

工作无贵贱，工作最神圣，我们不能以工作的内容来衡量一个人的人格高低。所谓“无位非贱，无耻为贱”，因此我们不要以为那个人是扫街的清道夫，那个人是开出租车的司机，那个人是摆地摊的流动摊贩，就认为他们的工作很卑下。其实服务最伟大，只要正当的凭实力工作赚钱，行行都能出状元，行行都有菩萨！所以不要以工作的高下，而与人格划上等号。

第二，勿以年纪老，而以人老来看之

生命，不是躯体，而是心性；老人，不是年龄，而是心境。有的人年纪虽然很老，可是他的精神、心力很旺盛，他服务社会的热忱，他救世济人的发心，可能非一般年轻人所能及，所以，勿以年龄的大小，来衡量一个人的老迈与否。

第三，勿以财富穷，而以人穷来看之

真正的富有，是欢喜而不是财富；真正的贫穷，是无知而不是无钱。因此我们不能以金钱的多寡来评断一个人是穷、是富。有的人"人穷志不穷"，比起那些有钱人，更有人格、更讲究原则、更崇尚道德，这就是精神上的富有，所以不能以财富穷，而以人穷来看之。

第四，勿以成就小，而以人小来看之

一个人的成就大小，不能以世俗的眼光来论定。例如事业上的成就、经济上的成就，爱情上的成就以外，还有学问上的成就、道德上的成就，人格上的成就等。有的人虽然没有做大官、发大财，但是他日日发心当义工，到大马路上指挥交通，到医院协助病患就医，到学校门口导护学童上下学等。他发心为人，他广结善缘，你能说他的成就很小，就把他当成是一个渺小的小人物吗？从世俗的价值观来看，或许他的成就很有限，但是他的道德人格是崇高的，正所谓从平凡中更见其伟大。

如何识人

在生活中，无论是工作、交友，乃至择偶，都会碰到识才识人的问题。能够别具慧眼，观察入微，自可相得千里马，觅得如意郎。然而，“一样米养百样人”，我们该如何识才识人呢？提供以下四点：

第一，看他的度量大小

度量的大小，决定一个人的行为、谈吐、决策与待人，进而决定他的成功与失败。所谓“宰相肚里能撑船”“大肚能容天下事”，心如大海，则能包容分歧，容忍失败。有雅量接受别人的批评指教，不会在小事上琢磨、计较的人，往往经得起冰天雪地的考验，能够成就大器。

第二，看他的品格高低

古人说：“人到无求品自高”，无欲无求的人，能进能退，不会与人计较、比较。另外，品格高尚的人，平时言行坦荡、光明磊落，不会暧昧闪烁、谄曲阿谀；与人相处，不会只顾自己的利益，会顾全大局，或替对方着想。其他如慈悲、宽厚、正直、无私等，都是高尚品格的展现。

第三，看他的智慧有无

玄奘大师见窥基大师举止豁达，知道他是个大器，以三车权巧度化，造就出日后的百部论师；徐庶向刘备推荐卧龙、凤雏，说二人得一而有天下，刘备识才，不惜三顾茅庐，始能三分天下。因此，识人用人不能固执局限，要看其智慧有无。

第四，看他的能力强弱

识人要识其性，识其能。清朝康熙用张廷玉，乾隆重用汉人，皆是以才取人，不存门户之见，因此，拥有数百年的江山。汉高祖原本不识韩信的军事之才，视他如一般小兵，让他黯然离去，幸有萧何月下追韩信，才有"筑坛拜将"，使他成为汉朝的开国功臣。由此可见，识才若心存偏见，则容易错失良将，唯有了解其能力强弱，并用其所长，才能赢得英杰。

文喜禅师于五台山不识文殊菩萨、梁武帝不识达摩祖师，都是由于不识人，而错失请法的善因缘。所以，懂得识人很重要；能够识人，就有助缘。

识人

人，我们都认识，人有一双手、有两条腿、有几尺高，甚至有胖瘦、高矮等，这是人的外表。人，每一个人都有他的内心世界，他内在的思想、见解、理念、观感；能够看出一个人的举心动念，看出他的心地好不好，这才是真正的“识人”。至于如何“识人”呢？有四点意见：

第一，权倾而不专擅者必贤

有的人权倾一世，他就自以为已经不可一世，于是专横跋扈，恣意妄为，这是暴君型的人物。有的人权力很高很大，但是他不专制，他不随便，他有权利而不滥用权利，这样的人必定是贤能的人。

第二，多金而不悭吝者必仁

有的人钱很多，但是他为富不仁，所谓“拔一毛而利天下，吾不为也”。有的人钱很多而不悭吝，他多金而乐善好施，这个人必定是很仁慈，很有善心，必然是一个有道的长者。

第三，才高而不傲物者可师

有的人才华很高，但是他恃才傲物，不把天下人看在眼里，这种人有才而无德，不足为师。一个人要有才而不傲慢，尽管才华、知识、学术很丰富，但是他待人接物都很平和、很谦虚，这种人必是德学兼备，这样的人才值得我们拜他做老师，跟他学习。

第四，得意而不忘形者可敬

有的人常常一得意，就忘了自己，于是得意忘形的结果就会让人看轻。例如穷人中奖了，一下子发财了，他马上忘记过去贫穷的生活，买洋房、买汽车，大肆炫耀，一副得意洋洋的样子。有的人本来没有办法，一朝攀上权贵，他就把过去的穷朋友遗忘。这种人让人感觉他虚荣不实在，纵使一时的得意，也不能长久，因此，别人也不会尊敬他，不会依赖他。

所以，人在得意的时候，也要一如平常，也就是佛教讲的平常心。不管是富人还是穷人，不管有学问没有学问，保有一颗平常心是很宝贵的。

"近山识鸟音，近水知鱼性"。人，历经穷通贵贱、兴衰毁誉，也很容易看出他的本性来。

识人之钥

社会上或团体里，常常可以看到，有的人彼此做朋友，做到最后做不下去，绝交了，他会说："算我瞎了眼，不识人。"也有的人在相处多少年以后，彼此只为小事意见不同，或是个性不同，或是利益分配不均而翻脸无情、六亲不认，久远情谊，一时之间化为乌有，实在可惜，这些都是识人不够所引起的。

如何才能识人？识人之要是什么呢？以下有四点：

第一，淡中知真味

人与人相交，所谓"君子之交淡如水"，一个好朋友，他不会是"有友如华"，你如花美丽，人气正盛，他就和你往来，等你像花萎谢了，就丢到地上不要了；也不会是"有友如秤"，你地位重要了，他就依附你，你人微言轻，他就傲慢起来，这都是不对的。我们交的朋友，要如青山丛林，群类众鸟都能云集；要如大地磐石，让人感到安全厚实。

所以，真正的朋友，要从平淡里知有真味。等于我们吃菜一样，太油、太腻、太丰盛，你吃了几次，可能就不高兴吃了，反之，青菜豆腐，百吃不厌，就能吃出真味来。

第二，酒肉无知交

你交朋友，天天只在吃喝玩乐的上面，怎么会有真心交情？有云："酒肉兄弟千个有，落难之中无一人。"有得吃、有得喝、有得玩，大家嘻嘻哈哈，等到真正患难的时刻，一个个就避不见面，不肯相助了。

第三，日久识英奇

所谓"路遥知马力，日久见人心"。你交朋友也要耐烦，不可要求一下子就能了解、就能知心，人情知交没有那么快速的，总要经过一些时日，慢慢发现彼此的优缺点。是不是有正义感、同情心、慈悲心？有什么特长？有什么奇异之能？这都要时间相处来发现，才能相互包容、提携、进步、成长。

第四，患难见真情

朋友之交有三种，上等朋友：推衣解食患难扶持；中等朋友：同甘共苦互助互勉；下等朋友：利用友谊非法行事。在患难的时候，一个人的忠贞气节就能显现，才能知道朋友的真心、真情在哪里。尤其在患难中，能不退缩的人，才是令人敬佩。

古人说："卖金须向识金家"，老马能识途，慧眼识英雄，生活在这世间，识人之要不可少。明白以上这四点，友谊才能长久。

“鉴人”的方法

“评鉴”是现代化社会一个很好的制度。例如你办学校，教育主管部门要给你评鉴，看你的学校办得好不好？你设一间工厂，经济主管部门也要给你评鉴，看你的工厂合不合格？甚至建一座寺院，宗教主管部门也要评鉴，这座寺院对社会教化的功能大不大？同样的，每一个人也要经过评鉴，才会知道他的能力强不强？才知道这个人的价值有多少？关于鉴人的方法，有四点：

第一，路远乃见脚力

“路遥知马力”，千里马能够日行千里，才能看出它毕竟不同于一般的驽马。一个人能走多远的路，从中就能知道他的脚力如何？所以，一个人能不能担当，他的承担力有多少，要让他挑重；经过一番的考验、评鉴，就会知道他的实力如何。

第二，舟覆乃见善泳

一个人谙不谙水性？会不会游泳？游泳的技术好不好？平时或许不容易表现得淋漓尽致。如果有一天不小心船翻了，他的泳技如何，马上就会见分晓。所以，一个人的潜在能力，往往要在危急的时候才能激发；一个人的成熟稳重与否，从遇事能否沉着应变，也能一目了然。

第三，势倾乃见真交

朋友相交，“日久见人心”。平时当我们有办法的时候，酒肉朋友天天前呼后拥；等到有一天财穷势尽了，所谓树倒猢狲散。因此，一个人跟我们相交，是否真心？在穷困潦倒的时候最容易看出真面目。诚所谓“一贵一贱，交情乃见”，这也是反映人性的现实。

第四，时穷乃见节操

当一个人遇上时运不济的时候，例如生意倒闭，失业赋闲在家，工作无着，偏又债主天天上门讨债。总之，种种的不顺、种种的不如意，纷至沓来，接踵而至。在这艰难困苦、穷途末路的时候，如果他仍是坚守道义、对人慈悲、对家庭尽责，对上不怨天，对下不尤人，这一个人的人格操守如何？毫无疑义的，他是一个经得起考验的人。

世间无常，凡事都在变，人也不断在变；看人不能只看一时，也不能只看片面，所谓“繁华落尽见真章”，所以，“鉴人”的方法有以上四点。

观人

俗语说:“一样米养百样人”,一样是人,却有种种心、种种性、种种行,乃至种种思想、道德、人格,以及价值观、人生观等不同。在林林总总的各式人中,善于“观人”的人,才有知人之明,这是“用人”的先决条件。如何“观人”,有四点看法:

第一,敦厚之人可托大事

敦厚为人,这是做人很大的修养,所谓“敦善行而不怠”,一个人能时刻策励自己,待人厚道,不尖酸刻薄、不刁钻使诈,必能受人信赖。东汉时,刘演、刘秀二兄弟在家乡日夜练兵,准备打倒王莽的新朝,当时左右邻居议论纷纷,有人说道:“刘演太糊涂了,如果这样闹下去,将来我们这些乡亲的命都要不保了。”说着大家都躲了起来,深怕会被牵连。后来邻居看到刘秀也脱下农装穿上军服,准备出征,又说道:“连谦和敦厚的刘秀都参加他们,大概不会错。”大家这才放下心来。可见敦厚之人让人放心,才可托付大事。

第二,谨慎之人可成大功

俗语说:“小心谨慎不蚀本。”做事谨慎,可免因一时不察而事后懊悔,尤其身为将相,带兵作战,更须谨慎为要。三国时代的诸葛亮，一生为刘备出谋划策，乃至亲自领兵出征，他无不于事前把当前的敌我情势分析、考虑周详，绝不急功冒进，因此能在困境中助刘备立“三足鼎立”之功。所以，做人冷静，做事谨慎，才能成就大功；冒失急进，往往成事不足，败事有余。

第三，勤奋之人可创事业

从小，学校的教科书就教导学生为学之道：“勤有功，嬉无益”“业精于勤荒于嬉”。学业要精进才能有成，创业又何尝不是如此。我们看社会上白手起家，创业有成的企业家，如统一的吴修齐、台塑的王永庆，他们莫不是凭着克勤克俭的精神，创下了各自的一片天，所以勤奋之人可创事业，人，也必须勤奋，才可望成功立业。

第四，忍辱之人可致祥和

人要能忍一时之气，不忍一时之气，往往铸下终生憾事。但是，对一般人来说，忍苦、忍难、忍饥、忍饿、忍寒、忍热，都还容易，但是要忍一口气，尤其是自觉受辱之下，还能忍气吞声，就非易事，但也因为不容易，所以历史上蔺相如忍受廉颇的挑衅，最后演出“将相和”的圆满结局，才会让人至今传为美谈。这一段历史，也为忍辱之人可致祥和，写下明证。

善于观人的老师，才能对学生“因材施教”；善于观人的主管，才能让属下“人尽其才”。“观人”之余，也要善于“用人”，才能成为别人的伯乐。

知人

俗语说："人心隔肚皮"，所以有谓"知人知面不知心"。知人其实并不难，只要你善于观察，世上无有不可知之人。知人的方法有四点：

第一，遇事不惑，则知其智

"日"有所"知"，则成"智"。一个人见识博，则不迷；听闻聪，则不惑。不迷不惑，自然有智。平常我们要知道一个人有无智慧，就看他遇事时，如果一点也不犹豫，一点也没有疑惑，什么事情到了他的跟前，马上都有一个很正确的指示，显而易见的，这是很有智慧的人。其实，人之惑，惑于私；除私则明，明则自然智生。

第二，遭难不避，则知其义

艰难是迈向真理的第一步。一个人遇到困难，如果勇于承担，不推诿，不塞责，尤其不会居功诿过，不会把不好的推给别人，把好的往自己身上揽；任凭再大的困难，他都勇敢地担当，勇敢地面对，这样的朋友，是讲道德、是重义气的人，跟这样的人交往，绝对不会吃亏。

第三，临财不苟，则知其廉

护体面，不如重廉耻；人不忘廉耻，立身自不卑污。平常我们和朋友合伙做生意，一旦赚了钱，有的人见利忘义，总要想办法多分得一些；有的人则“见利不求沾分”，不但非分之财不取，应得之财他也能舍。这种临财不苟得的人，为官，必然清廉；平常百姓，也是节身自好、俭朴淡泊之人。所谓“俭可养廉，廉则心清”，廉洁做人，心如明镜，光可鉴人。

第四，应付不慌，则知其正

做人要正派，所谓“博声名，不如正心术”，所以要“检身以正”，正己然后可以正物。一个人，怎样才能知道他正派与否？可以从遇到紧急事情，大家忙乱一团的时刻，如果这个人一点都不慌忙，可见他内心很坦然、很安详、很从容、很自在，所以他能遇事不慌，由此可见他是非常正派的人。正派的人，行得正，站得直，不求形直而形自直；正如树之直，不求影直而影自直。

与人交，能够看清对方、知道对方，更重要的，也要能反观诸己。能看清自己、明白自己，认识自己、知道自己，要比“知人”更重要。

审人

从人的外表上去认识，很容易看得出他是男人，还是女人；是漂亮，还是丑陋，甚至是有智慧的呢？还是愚笨的呢？但是，一个人有没有道德？是好人还是坏人？则不是一时从外表便能轻易看得出来。人，给人的观感，除了外表给人的第一个印象以外，还有一个很重要的内涵，往往需要时间进一步相处，才能察觉真相。所以，“审人”之道有四点：

第一，寡言者未必是愚笨

有的人沉默寡言，平时不大爱讲话，我们不要以为那个人一定很笨，都不发言。其实寡言的人不一定是愚笨，所谓“不鸣则已，一鸣惊人”，平时他不爱发言，是因为他懂得自己的身份，适不适合讲话，在不是他应该发言的场合，他会谨守本分，一旦时机因缘成熟，是他发表意见的时候，他会慷慨陈述己见，而且务必达到语惊四座的效果，所以，这种人其实才是真聪明，甚至可以称为是“大智若愚”。

第二，利口者未必是聪明

有的人爱逞口舌之能，凡事经过他的三寸不烂之舌一说，头头是道。但是这种人未必是聪明，因为花言巧语、巧言令色，言过其实，内心缺乏诚意，日久必然被人识破，甚至被人唾弃。所以，这种人逞一时之快，没有远见，未必是聪明。

第三，朴实者未必是傲慢

有的人生性木讷，不善言辞，不喜逢迎，见到人不懂得主动招呼、问候，也不爱自我表现。这种人有时候被认为很傲慢，其实不尽然，他只是不好夸张、不好表现、不好趋炎附势，这是朴实，而不是傲慢，所以，朴实者未必是傲慢。

第四，承顺者未必是忠诚

有的人承事主管，毕恭毕敬，不管对错，凡事顺从，我们不要以为这个人必定是我的心腹、是我的忠臣。其实从另一方面来看，这种人只知为自己邀宠而大献殷勤，完全不顾主管的利害、得失，一味承顺的结果，往往陷主管于不利。所以，我们要从另一方面来看人，完全没有是非观念，没有人格节操，只是一味承顺者，未必是忠诚。

做人，要经常自我审察，看看自己的心念言行，自己的身口意三业是否清净，才能自我健全、自我提升。做人还要懂得“审人”，对于身边所相处的人，是善还是恶，是贤圣还是不肖，是好人还是坏人，是否值得学习交往，也要有所认识，才能自我保护、自我成长。

相人之术

“相由心生，貌随心转”，一般的江湖术士算命，是从一个人的相貌来断定一个人的命运与未来。其实，人的命运不在相貌上，而在他的心地与行为上，所以，真正会相人的人，要看这个人的心术正邪、待人厚薄、才情胆识如何？关于“相人之术”，有四点：

第一，以利诱之、审其邪正

“君子临财不苟得，小人见利而忘义”，所以，要知道一个人是正人君子？或是邪佞小人？可以用重利来诱惑他，看他的态度、反应如何。如果是有道之人，对于无端而来的利益，他会一概不取，表现正直的本性；如果是无德之人，有一点小小的利益，他就如蝇逐膻，不顾一切，趋之若骛。所以，是君子、是小人，利益之前，无所遁形。

第二，以事处之、观其厚薄

厚道的人，处事宁可自己吃亏，绝不以自己之长来彰显他人之短；薄德的人，遇事但求有利于己，不管他人的名誉是否受损。所以如果要知道一个人的道德厚薄，只要跟他相处共事，从他的行为，就能看出人格高下。

第三，以谋问之、见其才智

有智慧的人，胸藏兵甲，腹有韬略，做事懂得安排计划，尤其善于出谋划策，如果你问计于他，他会有很多中肯的意见。如果是一个才智平庸、没有智慧的人，胸无点墨，既说不出一点道理，也没有半点能耐。所以，一个人的才智如何，看他谋事的能力，即可分晓。

第四，以势临之、看其胆识

一个人如果识见不高，容易滋生事端；有胆识的人，才能承担大任。要看一个人的胆识如何？可以用威权势力来逼迫他，如果在权势威逼之下，他就不敢表示自己的意见，这就表示这个人没有胆识；在势力权威之前，他无所畏惧，就表示他有胆识，有担当。

历史上，伯乐善于相马，然而“千里马常有，而伯乐不常有”。世界上，有才华、有能力的人很多，只是善于相人而又懂得用人的人，恐怕并不多。所以，做主管的人，善于相人之外，更要善于用人，这才是重要。

人才

“人能弘道，非道弘人”，不管任何团体、事业，都要靠人才去经营、擘画，才能兴隆、发达，因此，举凡机关、团体莫不求才若渴。至于什么是人才？有四点看法：

第一，人才如土，含垢低下

真正的人才，做事精明干练，做人朴实厚道，就像大地一样的谦虚低下。大地因为含垢忍辱、承载一切众生，所以为人所敬重。历史上，诸葛亮高卧隆中、庞统混杂在一般小民之中、韩信曾受胯下之辱；所谓万事成于谦虚，败于骄矜，真正的人才要懂得虚怀，要如大地之谦卑，才能成就万事。

第二，人才如海，容受万流

是人才，就要像大海一样，大海不拣细流，长江、黄河的水流到大海里来，它不嫌多，即使涓涓细流，它也不会排拒。真正的人才，本身要能包容、接受异己；然而，放眼现在的社会，一般人大都气量狭小，讲话尖酸刻薄，待人处事经常在小处斤斤计较，如此怎么能成为堪当大任的人才呢？

第三，人才如林，含藏万象

是人才，要像深山里的森林，举凡飞鸟、走兽、矿产、各种植物，都能生存其间，可谓含藏森罗万象。真正的人才，要胸罗万象，如山林般孕育宝藏无限，如此才值得别人去开采、发掘。

第四，人才如水，委曲自如

是人才，要"屈伸自如"，就如流水一般，遇山则转、遇石则弯，不管任何阻碍，它都能流出自己的渠道。一个真正的人才，难免受人嫉妒、排挤；当承受委屈、挫折时，要像流水一样，自能委曲婉转，流出自己独特的流域，流出自己理想的曲线。

韩愈说："世有伯乐，而后有千里马。"真正的千里马，也要有伯乐去发掘，才有机会崭露头角。

“上中下”人

有一种人，喜欢做“上、中、前”之人，意即吃饭坐在上首，照相坐在中间，走路走在前面。做上中前人，不是不好，只是要有“上焉者”的条件。假如把人分成“上焉者、上中者、下焉者、下下者”四种等级，就可以知道，自己是否为“上焉人”。这四种“上中下”人的等级要怎样看待呢？

第一，上焉者为人民之仆

为大众服务的领导，都称自己是人民公仆。只是作为人民的公仆，如何才算是上等人呢？首先，要为人民服务，时时感受到民生所需和众生疾苦。像观世音菩萨“寻声救苦”“千处祈求千处现，苦海常做度人舟”，只要众生有苦难，不会分别对象是黑人或是白人，更不会计较是中国人还是外国人，其慈悲心一样普遍平等，深远广大，这就是上等的人民公仆。

第二，上中者为国家之仆

世界上有许多国家的领袖，他们每日兢兢业业，殚心竭虑地为自己的国家牺牲奉献，争取利益。在维护自己国家的利益之下，或许无法兼顾其他国家人民的利益，所以，这是上中者的国家之仆，因为他的发心仅限于自己的国家。

第三，下焉者为名位之仆

如果一个人只是为了追求自己的名分、地位、利益，而不断地辛勤工作，以获得他人的认同，或是汲汲于逢迎谄媚，以便享有荣华富贵，那么他只是自己的名位之仆，这是属于下等人。

第四，下下者为私利之仆

最下等的，就是那些只想到个人的利益，而不惜破坏国家前途，或是营私舞弊、出卖朋友者。他的心目中没有国家社会，更没有人民大众。这种私利之仆，是为下下者。

所以，我们看社会上居高位的人，不是看他的职位高低，而是看他的思想、他的言行，是否能为人民的福祉设想，如果能，那么他就是上等人；以家国为尊，是上中等人；只求个人名位，是下等人；专为自己百般计较，谋求私利，便是下下人。

从政者、公务员，不妨自我检讨，自己是哪一种人？民众们也不妨睁大眼睛，衡量一下我们所选出来的人民公仆，究竟是哪一等人？

非人

在佛经里有一个名词，叫作“非人”，亦即“不是人”。原意是泛称天、龙、夜叉、阿修罗等八部护法神，及其他鬼神众。人类是人，当然不在非人之列。因此，一个人若被指为“非人”，是很严重的责备与轻视。什么样的行为、恶性，才会被贬为“非人”？有四种：

第一，忘恩负义的人，是非人

自古以来，感恩图报就是值得歌颂的美德，因此“结草衔环”之类的故事，让人津津乐道。倘若一个人受了他人的恩惠，不但不知感恩，反倒恩将仇报，就太过分了。《六度集经》说：“宁出水中浮草木上着陆地，不出无反复人也。劫财杀主，其恶可原；受恩图逆，斯酷难陈。”恩将仇报者，比劫财杀主还可恶，比水草树木还不如，因此，忘恩负义者不是人。

第二，败事有余的人，是非人

《孟子》说：“君子莫大乎与人为善。”君子最喜欢赞助他人的善事，如果有人不但不助成他人的好事，还嫉妒他人的成就，专门破坏别人的好事，专说他人的坏话，这种存心败人好事的人，就不是人。

第三，助纣为虐的人，是非人

有一种人，原本就出身不好，却又“行身恶行，行口恶行，行意恶行”。《杂阿含经》称这种人为“从冥入冥”。现实社会上也有这种人，他们存心不正，看到别人做坏事，不仅不劝阻，甚至助纣为虐，或是颟顸愚痴，见人行恶，不知杜绝恶行，反而有样学样。这种助纣为虐、颟顸愚痴的人，也是非人。

第四，焦芽败种的人，是非人

苗芽烧焦了，就不能活；种子败坏了，也不能种植。佛陀曾批评不发大心行菩萨道，自私自利不愿普度众生，只顾自己解脱的人为焦芽败种，因为他们无法延续佛法慧命。若社会上的人都只知明哲保身，不护公理，没有正义，谁来维护正义？这些只知维护自己利益，却大叹社会风气败坏的人，也是焦芽败种，也算是非人。

知恩图报、助人为善，都是世间善行；不助纣为虐，不做焦芽败种，即是有益社会团体。我们既是堂堂正正的人，就应避免成为这四种“非人”。

有前途的人

一个人有没有前途，就看他青少年时期。这个时候，如同在人生的十字路口的分歧道路上，你要走向善的路，还是走向恶的路？你未来有功于社会？还是有害于社会？这是选择的关键阶段。因此，期许所有青年珍惜自己、尊重自己、表现自己，未来必定有前途。什么是有前途的人？给青年四点意见：

第一，对人要感激

青年的吃穿用度，都是父母供给；知识学问，都是师长教授；做人处事，都是长辈指导，甚至社会大众成就，公共设施、各行各业，让我们在人世间，食衣住行方便快捷，享受许多社会资源，因此要懂得感恩，对人要感激。

第二，对己要克制

青年正值“血气方刚”，容易冲动、生气，甚至情绪化。因此，要紧的是，对自己要有克制的能力，不是我应该要的东西我不贪，不应该发脾气的，我不发脾气。能沉得住气，才是大器。

第三，对事要尽力

青年遇到事情，不怕失败，要有承担的勇气，尽心尽力去做。

所谓“做时全力以赴，结果随缘无求”，世间种种都是因缘成就，与众人的奉献而成，只要对大众有利的事，就应尽力去做，用你的心血、你的贡献、你的勤劳、你的智慧去努力以赴，才能获得别人的肯定与信赖。

第四，对物要珍惜

青年对金钱要珍惜，对物用也要珍惜。就像脚上的球鞋，本来可以穿三年，你穿不到一年就坏了；身上的衬衫，可以穿三年五载，不再流行，你就丢弃了，这都是不爱惜物用。如果不珍惜福报，就好比银行的存款，你随意乱花，总有用完的一天。弘一大师惜用破毛巾，为人敬佩；雪峰禅师不弃一片菜叶，以爱物自我修炼，这些都是现代青年要学习的美德。

谚云：“有志没志，就看烧火扫地”“从小一看，到老一半”。森田沙弥虽小，连司钟时都晓得敬钟如佛，难怪长大之后，成为一位禅匠。玄奘大师自勉“言无名利，行绝虚浮”，果真绍隆佛种，光大佛教。青年的未来前途在哪里？都在自己的言行举止中。

人之大患

老子说："人之大患，在吾有身。"人有个身体，要吃饭、要睡觉、要穿衣、要化妆、要盥洗、要便溺，甚至要营养、要运动、要保健。尤其为了这个身体，七情六欲、种种的欲望，要不断地满足他，实在很麻烦。其实，"人之大患"尚不止于此，以下四点，更可看出人的隐忧：

第一，能见秋毫，不见其睫

一个人，能看得见环境上的微尘、沙粒，乃至小小的羽毛、毫发等，却看不到自己的睫毛。意思是说，人往往看得到别人小小的过失，却看不到自己大大的缺点。平时眼睛所见，都是别人怎样不对，如何不好，却从来不曾好好地反观自己。所以，人能看得见别人，却不能认识自己，这是人的肤浅。

第二，能举千钧，不能自举

人的力气有大小之分，力气小的人能举 20 公斤、30 公斤；力气大的人能举 40 公斤、50 公斤，甚至大力士 100 公斤他都能举得起来。但是即使是力大如牛的人，你叫他把自己举起来，这是不可能的事，他举不起来。意思是说，人有能力对抗外境，却往往拿自己没有办法。不能做自己的主宰，这是人的悲哀。

第三，能取短利，不惧远祸

贪图近利，眼光短浅，这是人的大毛病。人经常只顾近处的利益，不管背后潜藏的危机，只要当下能够得到利益，能够获得钱财就好，至于后果如何，完全不去考虑，因此，贪污舞弊的事件层出不穷，此诚所谓"菩萨畏因，众生畏果"。但是"人无远虑，必有近忧"，你只贪图近处的短利，看不到未来的隐患，就会有大祸临头，这也是人的无知。

第四，能观天下，不视己过

人可以遨游天下，可以视察寰宇，可以到欧洲、澳洲、美洲等五大洲游历，可以看遍世界的各大奇观，览尽世界的美丽风景，甚至分析天下大事，得失利弊、纵横捭阖，都能讲得头头是道，但就是看不到自己的过失，这也是人的愚痴。

所以，"人之大患"归结起来就是看不到自己的心，因此不能认识自己，当然就无法自我学习、自我进步、自我升华。人，应该要"不看外而看内，不看人而看己"。

知人之明

“知人善任”是一个领导者应该具备的基本条件，因为人各有其才华、能力、特长、个性、好恶等。所谓“用人之长”，不能知人，就不懂得用人；不能用人，就不能做一个领导者。关于“知人之明”，有四点意见：

第一，要知这个人的“能”

一个人的能力，有时候体能很好，有时候智慧很高；你要知道他的能力所在，针对他的才能好好利用，给他空间发挥。一个有能力的人，不让他尽情施展，就如打篮球的人，老是让他坐冷板凳，不让他上场，实在可惜。又如千里马，没有伯乐的赏识，“祇辱于奴隶人之手，骈死于槽枥之间，不以千里称也。”岂不令人扼腕叹息。

第二，要知这个人的“才”

人的才华，要从事实中去表现。过去有许多英雄好汉，常有“怀才不遇”之叹。有才得不到施展，固然是个人的不幸，也是团体的损失。所以对于有才华的人，要想办法给他发挥，不能一直压抑他；如果不肯授权，不给他自主，即使才高八斗，才华盖世，甚至像屈原，纵有满怀报国之志，也是徒叹奈何。

第三，要知这个人的“缘”

有时候，一个人虽然本身能力有限，才华也不高，可是他的人际关系很好，他所结的缘很广，懂得运用他的因缘关系，也很重要。所以，一个善于用人的主管不但重视这个人自身的能力，还要懂得用他的关系、用他的因缘。

第四，要知这个人的“义”

我们用人，有时候这个人虽然很聪明能干，但是他没有道义；有时候虽然能力才华差了一点，但是他很讲义气，你能用他的义气，这个人就有价值了。过去有一些主人，家里的仆人一跟随就是几十年，为什么？因为有义；过去一个管家，只要你授权给他，他可以替你把产业、把各种关系维系得很好，为什么？因为有义。所以用人要用有义气的人，这也是知人之明。

所谓“知己知彼，百战百胜”。做一个主管，甚至一般大众，除了要有“自知之明”，也要有“知人之明”。

人的“次第”

社会上有很多种人，有好人、坏人、善人、恶人。就算是好人当中，也可分出“次第”。例如一等人，很能干，也没有脾气；二等人，很能干，脾气也很大；三等人，不能干，也没有脾气；劣等人，不能干，脾气却很大。另外，有慈悲有智慧，是一等人；有慈悲无智慧，是二等人；有智慧无慈悲，是三等人；无慈悲无智慧，是劣等人。除此之外，人的“次第”还可分出四等，以下说明之：

第一，重信守诺是第一等人

信用是一个人的无形资产，季布的“一诺千金”，可见诚信对人的重要。有的人对自己的信用很重视，对自己许下的诺言很信守；有时为了履行信用，不惜一切地辛苦，为了遵守承诺，不惜一切地牺牲。对于信用、诺言都能坚守的人，这是第一等人。

第二，光明磊落是第二等人

人际之间的相处对待，如果能够做到坦坦荡荡、磊落自在，互相都以一颗真挚善良、清净无染、无私无我的心相向，这就是人格的提升，生命的升华。因此，一个行为光明磊落、心胸坦荡无私的人，这是君子风范的人物，也是英雄豪杰的典型，这是第二等人。

第三，聪明才辩是第三等人

有的人口才犀利，聪明能干，但是不够内敛、厚重，总喜欢在讲话、做事当中，不时卖弄一些聪明，玩弄一些才华，表示他的能力胜过你、比你强、比你好。这种人虽有聪明才辩，总是世智辩聪，在做人方面还是很肤浅不足，不够成熟，所以是第三等人。

第四，自私自利是第四等人

一念为己，成就有限；一念为人，广结善缘。心中有人，为人着想，这是做人的先决条件。一个人如果心中有我无人，必然待人严苛，凡事只顾自己，不管他人，如此自私自利的人，属于第四等人。

人生最大的胜利，不是战胜敌人，而是战胜自己。生命的光荣，不在于受时人的赞美，而在于能为后人所效法。所以，人生的价值，要靠自我创造。一个人只要肯负责任，就是能者；不负责任的人，不管能力再强，都是庸才。因此，人有“次第”，我们自己是属于哪一等人呢？有时候不妨自我评价一番。

人的“层次”

人，有上等人、中等人、下等人，甚至有劣等人之分，我们自己是属于哪一等人呢？我们怎么样来分别人的“层次”呢？提供四点看法：

第一，上等人，有慈悲有智慧

你是上等人吗？上等人不但有慈悲，而且有智慧。慈悲心就是一种仁爱之心，对人有爱心、有同情心，肯去帮助别人。所谓“慈能予乐，悲能拔苦”，能对别人的苦难感同身受，进而发起救苦救难之心，给人欢喜、给人信心；有这样的心意、身行，就是慈悲。有慈悲还要有智慧，有智慧才能明理，才能分辨是非、善恶，才能教说别人、教育别人、帮助别人。所以，有慈悲有智慧，这是上等人。

第二，中等人，有慈悲无智慧

中等人有爱心、有慈悲，但是慈悲里缺少智慧，所以不能明白真正的好坏、善恶、是非、正邪，也就是不明理。不过，虽然不明理，但总是宁可自己吃亏，对别人他还是有慈悲、有爱心。这种人仍然算是很好的人，所以是属于中等人。

第三，下等人，有智慧无慈悲

有一种人，他很聪明，甚至可以说是诡计多端。但是虽有聪明才智，却没有一点慈悲心。如果你想请他帮忙，他一点也不肯；你想要他助一臂之力，他宁可袖手旁观。这种人固然很聪明，但是不肯跟人结缘、不肯帮助别人，没有一点慈悲心，所以是属于下等人。

第四，劣等人，无慈悲无智慧

做人最差劲的就是第四种的劣等人。劣等人不但没有慈悲心，不肯对人施予帮助，而且他也不聪明，没有智慧，对团体不能有所贡献，只是享受现成。尤其这种人不但不肯给人帮助，甚至贪得无厌；不但自己不明理，甚至因不明理而侵犯别人。所以，跟这种人相处，会很麻烦。

慈悲和智慧，就好像人的一双手。一个人如果只有一只手，力量不够，必须两手配合，才能做事。慈悲与智慧，又如人的一双脚、鸟的一对翅膀；人有双脚才能走路，鸟有双翅才能飞行。所以，有慈悲有智慧最好，没有慈悲或缺少智慧，如同缺了一只手或缺了一只脚，做任何事情都很难成就，很难成功。

人如马性

在佛经里经常把对人的教育，用马来比喻。人和马一样，分成四等根性。上等的马，不待骑乘的人扬鞭吼叫，只要人一骑上去，它就奔驰了。次一等的马，要你扬鞭、呼喝，它才懂得开始奔跑。再次一等的马，要你拿鞭打它，它才肯走。甚至有的马，你越是打它，它干脆停下来，不走了。

人性也跟马一样，有的人不待你教，他会自己做人。有的人自己不会做人，不过你稍为点他一下，他就懂得如何做人了。有的人你教他，他心生反感，不肯受教。甚至最劣等的人，总要等到自己亲身吃了苦、受过难，他才知道如何做人，但已太迟了。所以关于"人如马性"，有四点意见：

第一，见鞭即惊是圣者

见到鞭子，就能惊觉，就肯奔驰，这是上等的良马；如同圣人，见到生死、看到罪恶、体会无常，他就懂得应该要精进修道。

第二，触毛才惊是贤士

有的马，你必须扬鞭触到它的毛，它才会惊觉。就如有的人要经过一番刻骨铭心的教训，他才知道要学好，才懂得要上进，这也还算是个有道心的人。

第三，触肉始惊是凡夫

有的马，一定要你扬鞭，打到它的皮肉，让它感到疼痛，它才肯奔跑。就如一般的凡夫，所谓不见棺材不掉泪，不到黄河心不死，这种人一定要等死到临头，他才知道要修行，所以“触肉始惊”是凡夫。

第四，彻骨方惊是愚人

有的马，必须打得它痛彻骨髓，打得它疼痛难受，它才知道奔驰。这就如同很多的罪犯，总要等到银铛入狱，才悔不当初，所以，彻骨方惊是愚人。

人如马性，马有优劣，人有智愚。从马的身上，可以反映出人的资质，你是圣者呢？是贤士呢？还是凡夫呢？或是愚人呢？不妨自我评价一番。

人力资源

现在我们的社会，最需要的就是增加能源，能源在哪里？在山林、在海底、在空中。世间的太阳能、风的风力、水的水力，都是发电的能源，而人类最大的能源是“心”，心能够发出很多的力量，这些力量就是人力资源，什么是心所发出的人力资源呢？

第一，压力是推动力

在日常生活中，难免会有压力，其实，“压力可以激发潜力”，就如春秋战国时期，是小邦图存、大国争霸的时代，各诸侯国在强大的压力下，一定要变法图强。所以，压力是迈向成功的推动力。

第二，阻力是前进力

在斜坡停车时，于后轮下放置障碍物，可以防止车子下滑，所以，阻碍是防止退步的力量，也是让我们向上的前进力。就如，花树经过修剪后，就能开出美丽的花朵，这是植物抗拒阻力的本能，所以，阻力就是茁壮的前进力。

第三，听力是向心力

人际间的往来，能听懂别人的话，是很重要的，假如你有听的能力，就能听出别人的重点，听出别人的语意，甚至能将所听到的都往好处想，如此，对于真理、对于他人的主张，就有一种向心力。

第四，尽力是无悔力

对事情的处理，不管有没有成功，都要自问："我尽力了吗？"《阿含经》云："随其轻重，能尽其力"是良马之德。人亦是如此，凡事只要向前向上、尽心尽力、无怨无悔，就是无悔力。

第五，耐力是判断力

耐力，能让人无论处于什么样的艰苦环境，都不轻言罢休，因此凡事能苦尽甘来，如此一次次坚持到底的经验后，必能增加丰富的智慧，这就是判断力。

第六，潜力是发展力

潜力，就是内在的能力，每个人都有一个无限的潜能宝藏，那个宝藏就是潜力。根据统计，有天才之誉的爱因斯坦，只开发了百分之五的潜力，可见开发人的潜力，就能拥有无尽的发展力。

第七，老力是经验力

不要以为人老了就行将就木，已无大用，其实，老人是时间积累的智者，其具有岁月结晶的经验，这是谁也不能抹杀的经验力。

第八，努力是成功力

韩愈说："业精于勤荒于嬉，行成于思毁于随。"就是说明一分耕耘、一分收获，只有努力耕耘的人，才能获得丰硕的果实。爱迪生也说："成功是靠一分的天才，加上九十九分的努力"，所以努力就是成功力。

人的力量资源是无尽的，在自我资源的开发里，有时是靠外来的帮忙，有时要靠自己去探索。

人际相处

人，无法离开群体而独自生活，每个人都要与他人相处，因此，人与人之间的接触往来，便成了人生一门很大的学问。

与人相处贵在相知，尤其“勿以己之长，而显人之短”，彼此要能互相尊重，互相成就，要懂得欣赏对方的优点；能够“观德莫观失”，才能结交朋友。对于人与人之间的相处之道，有四点意见：

第一，对贤能者服之以德

面对贤能的人，我们不可以用权势、金钱、名位来取悦他，而是要以自己良好的品性、德行与之交往，就如荀子所云：“君子易知，而难狎。”因为贤能的人虽然易于亲近，但是如果你的态度轻浮、邪佞，则难以令贤者看重你，所以，对贤能的人，要服之以德。

第二，对乖张者驭之以术

面对一些生性嚣张、猖狂、傲慢的人，要如何与他相处呢？要驭之以术！也就是要有“方便”的方法。就如同驯马师要驾驭顽劣的马，一定要先懂得它的性情，再依它的特性来降伏。有时候顺着它的心意，有时候要适时地控制它的方向。待人也是如此，不能一味地打骂责备，而是要先让他感受到你对他的尊重，并且要倾听他的声音，适时予以劝告；能有一些对治的方法，才能让他称服。所以对乖张者，要驭之以术。

第三，对朴拙者赋之以专

面对生性比较迟钝、朴实，甚至笨拙的人，我们要怎么办呢？《三国志》云："贵其所长，忘其所短。"就是说明用人要"知人善任"，对于他的缺点要包容，而善加利用他的长处，并且给他因缘好好发挥。也就是说，对于能力较差的人，应视其能力，交待给他所能完成的事，再从旁教导他做事的方法，让他有信心独力完成。因此我们对待朴拙者，要赋之以专。

第四，对顽劣者教之以方

对顽劣、不受教、刚强、下劣者，我们不能把他开除，也不能不用他，但是要有方法让他接受你。例如用慈爱待他，让他因受到关心而软化彼此的对立；用鼓励待他，让他受到赞美而对自己产生信心；或者用威力来降服他，让他受到威迫而能跟随你，所以，对顽劣者，要教之以方。

人际相处，要善观因缘、随顺因缘、珍惜因缘，尤其彼此能相互给自他留有一半的空间，则不但不会有冲突摩擦，还可以保持适当的交流，发生互补的作用。

涵养人格

人之所以称为人，就是要有人格。如何升华人格，增进内在的涵养？在于我们日常性格的培养。人格并非一天就能树立，也不是一天就能长养，人格是要经过一些时日的磨炼，要作一番涵养的功夫，才能养成。关于人格的涵养，有四点意见：

第一，学问使人谦虚

你想要有人格吗？那就必须读书。读书可以增加学问，可以使人明理；读书可以增长知识，可以涵养气质。所谓"腹有诗书气自华"，有学问、有知识的人，更懂得谦虚自抑，因此愈显人格的高贵。

第二，无知使人骄傲

有一些人没有学问，没有知识，却自以为是。经常仗着钱财而傲慢，仗着势利而横行，仗着好战称勇而耀武扬威，仗着年轻力壮而自我陶醉，如此只有显示自己的无知。所以无知能使人骄傲，骄傲的人其实就是无知。

第三，虚心使人高贵

一个人不管做人处事，如果勤于虚心学习、甘于虚心求教、愿意虚心请人指导，他就会有进步。所以虚心的人，并不是低声下气，更不是低三下四的人，反而越是虚心，越显得高贵。因此，真正高贵的人，就是虚心的人；真正虚心的人，也是高贵的人。

第四，自负使人肤浅

有的人太过自负，以为自己才华过人，以为自己比别人聪明，以为自己能力很强，处处都想表现出精明干练的样子，如此过分自负，不免让人觉得这个人很肤浅。其实真正胸怀大志的人，总是深藏不露，他懂得韬光养晦，懂得养深积厚，而非肤浅地自恃其能。所以自负使人肤浅，肤浅使人自负。

完美的人格、高尚的品德，是从实际生活中锻炼出来的。一个人不必靠华丽的衣着来装饰自己，而要重视内在的修持，以高贵的气质来涵容自己，以道德修养来庄严自己。因此，人格涵养，不是从外貌、地位、权势而来，而是从风仪、气质、态度、性格中展现。

智勇之人

智勇双全，自古就是人所景仰、赞佩的对象。如何才能称得上是“智勇之人”？有四点看法：

第一，智者以“知”了解一切

人类文明所以一日千里，不是靠金钱造就，而是众人智慧的结晶。智慧就是财富，一个人的劳力有限，真正的能源在于内心的智慧。有智慧的智者，透过知识、智慧而能了解一切；就像一个学者、教授，不管你是科学家、物理学家、化学家、医学家、文学家，在这么多的学者专家当中，他们凭靠的是什么？就是智慧！因为他有智慧，他用知识去了解宇宙人生，所以治学不厌是智者；而智者则以“知”了解一切。

第二，仁者以“爱”包容一切

人不一定都是智者，也不可能人人都成为学者、专家，但至少可以当一个仁者。仁者就是有慈悲心，可以用爱与慈悲来包容一切。包括我的家人、我的亲朋、我的团体、我的公司，我都能包容。甚至不但我的亲朋好友、我所爱的人我能接纳，对于我不欢喜的人，我也能包容。能够包容别人的缺点，这是仁者最伟大的行为。

第三，勇者以“义”牺牲一切

什么是勇者？勇敢的人不是跟人比拳头，也不是拿刀枪去逞勇斗狠；真正勇敢的人是讲义气的人。例如关羽为了报答曹操昔日知遇之恩，他不顾自己曾经立下了军令状，仍然义无反顾地“义释曹操”，如此义重如山之人，因此流芳千古，成为义勇的表征。所以，真正的勇者，是重情重义的人，你对他施恩一分，他可以用十分、百分来回报你，甚至牺牲生命也在所不惜。

第四，忠者以“诚”奉献一切

自古忠臣、忠仆，都是以诚忠君，以诚事主。他以诚恳、本分、老实、说一不二的真心，死心塌地地为君主牺牲一切、为主人奉献一生。因此，忠者以诚奉献一切，而能够以诚待人者，也必是忠良之人。

学佛要悲智双运，做人要忠勇双全。没有慈悲的智慧是狂慧，离开智慧的慈悲是俗情；唯有体达“同体大悲”的菩萨精神，才能令智者有所知、仁者有所爱、勇者有所为，相倚互赖，利乐一切众生。

完美的人格

每一个人都希望自己很有人格，有人格才像一个人，怎么样才有完美的人格呢？有四点意见：

第一，以无贪为富有

人要有完美的人格，首先不能有强烈的贪欲之念。贪心是永远无法满足的，所谓“买得良田千万顷，又无官职被人欺，七品五品犹嫌小，四品三品仍嫌低，一品当朝为宰相，又羡称王作帝时，心满意足为天子，更望万世无死期”。世界上的金钱物质是有限量的，可是欲望却是无穷的！贪欲的人即使金钱再富有，都是富贵的穷人，唯有“知足常乐”，回归自然的简朴生活，才算富有。所以，贪欲是贪穷；不贪为富。

第二，以无求为高贵

“人到无求品自高”，人常常因为对别人要求太多，对物质要求太强，因而降低了自己的人格。所谓“吃了人家的嘴软，拿了人家的手短”。一个人如果贪得无厌，处处有求于人，必然曲躬谄媚、厚颜无耻；反之，如果功名富贵于我无所求，则人格自然高贵起来。

第三，以无嗔为安乐

佛经云："嗔心之火，能烧功德之林。"嗔心如火，嗔心一起，如火中烧，自然热恼不安；嗔心一起，所谓"怒火中烧"，自然就会不快乐。尤其人在生气动怒的时候，管他什么人情义理，一概不顾，所以嗔心一起，不但自己不快乐，同时也会失去人格。唯有息下嗔恨之火，对别人待之以宽恕、慈悲，自己心里自然感到平静、安详，那不就是安乐之境了吗？

第四，以无痴为聪慧

有人说："宁可和聪明的人打架，也不和愚痴的人讲话。"人因愚痴、邪见而不明理，不明理就是愚痴。和愚痴的人讲话很痛苦，因为愚痴的人蛮不讲理，所讲的理都是"似是而非"。愚痴很可怕，愚痴就是邪见、就是烦恼；人能无痴，就是聪慧，没有愚痴就会感到清凉。

人之所以被称为万物之灵，在于人有人的尊严；人的尊严，那就是"人格"。人格，不是父母师长所能够给予的，也不是黄金钞票所能购买的。人格是我们遵循道德而培养的，是我们契合真理而升华的。有的人流芳百世，有的人遗臭万年，其分别就在于有没有人格。

人格的养成

小树需要灌溉才能长大，幼小的身心需要滋养才能茁壮。人生无论什么都要养成，道德要养成，知识要养成，思想要养成，人格更要养成。人格的养成，有四点意见：

第一，清明可以养志

一个人的一生，清明很重要。例如，天空清明才可爱，湖水清澈才会让人欢喜，所以我们要养成清明的思想，清明的行为，清明的风格，尤其要养成清明的志向。一个人从小就必须养志，立大志，做大事，不一定要做大官；要立大志，讲实话，不说妄语；要立大志，做大人，不做小人。一个人如果能不断地养志，他就会远离混浊、糊涂、自私、执着；一个人如果能不断地养志，就会不断地进步、向上、扩大、升华，所以，养志是人格养成的第一要素。

第二，机警可以养识

知识可以充实自己，知识可以明白事理，知识可以看清是非，知识可以分别善恶。知识好像光明，可以破坏黑暗；知识可以辨别轻重，知道得失；知识可以知己知彼，大家共存。如果我们没有充实自己的知识，就不会受人器重，所以人要时时自我警觉，要知道自己的不足，要用机警来养自己的胆识，养自己的知识，养自己的见识，养自己的常识。

第三，果断可以养才

饭煮熟了以后，要养它一下才会更香软；菜煮熟了以后，也要养它一下才会更入味。疲倦的身体，休养才会有力；用久了的东西，保养一下才会更耐用。人的才华也是要养育他，才会更见增长。才能、才气、才情、才德，都要养成，尤其做人处事不要唯唯诺诺，没有果断；“差不多先生”不受人欢迎，你必须果断地培育好自己的才华，能够分别是非，辨别轻重，衡量善恶，无论什么事经过你的评判，就能立见分明。所以果断养成了才能，何患不能建功立业。

第四，宽容可以养量

做人，要做大人或做小人，要做大事还是做小事，就看你有量无量。凋谢了的枝干，经过春风一吹，它又能开出花朵，这是因为它虽为枯枝，但是它还有能量在。管仲、晏子，都是因为有量，才能建功立德。但是有量之外，还要有宽弘的见识、包容的胸襟，凡事都能替别人留有一点余地，时时不忘给人一点机会；话不可说得过头，势不可一下使尽，你替别人留一点空间，留一些机会，你会有无穷的受用。

人格的资粮

资粮，是必需品的意思，好比人要远行，必须靠粮食来维持身体能量；修行佛法，要有善根功德来做资助的道粮。一般人常常希望有一点佳言好语，作为自己立身行事的座右铭，这也是为人处世的资粮。以下“俭慈诚爱”四个字，不妨可以作为我们人格的资粮，因为：

第一，俭约是美德

先哲云：“俭之一字，其益有三：安分于己，无求于人，可以养廉；减我身心之奉，以赒极苦之人，可以广德；忍不足于目前，留有余于他日，可以福后。”你看，衣服虽旧了，还可以再穿，去年买的东西，今年还可以再用，能穿的则穿，能用的则用，就不要浪费了。每一样东西都有生命，好比桌椅，你不随便弄坏它，使用的时间愈长，那就是它的生命；一件衣服，可以穿得五载十年，发挥它的功能。所以，俭约也是一种护生、一种美德。

第二，慈善是快乐

做好事，存好心，布施、奉献、服务都是人生快乐的泉源。假如你贪图小利，不肯与人为善，事后才觉得懊恼不值，身心不安，那实在划不来。但是如果你有一些东西供养别人,例如口说好话、微笑待人、随喜帮助、布施助人,这些慈心善行,会让我们扩大生命的意义价值,身心得到安稳快乐、自利利他。

第三,诚实是信用

做人处事,"诚"是首要的条件,你诚实不欺,行不骗人,坦坦荡荡,他人就会敬重你;你心不虚假,言不妄说,踏实守信,别人更会肯定你。诚实做事,诚实做人,信用自然而来,这可说是人格一大美德、财富及保障。

第四,爱人是仁义

《大戴礼》曰:"仁者莫大于爱人。"在这个世界上,最美的事情,就是爱护别人,最好的事情,就是爱护世间。所谓"君子爱人以德",你对世间、对他人、对社会,经常施以爱,那就是一种仁义,种了仁义的因,自然有仁义的结果。人间有了仁义,就会充满温馨与善美。

俭慈诚爱,实在可以作为我们人生为人处世的资粮。

人的根本

树要有根，才能生长、才能存活；人要有本，才能会道、才能有主。所谓“本固则道生”，所以《六祖坛经》里慧能大师说：“不识本心，学法无益”。人的根本是什么呢？有四点说明：

第一，父子以慈孝为本

现在的社会，讲究亲子关系。所谓上慈下孝、上敬下爱。一个家庭里，如果长辈对晚辈不慈爱，晚辈对长上不孝敬，人伦失序，家庭失去了根本，这一个家庭就很难和谐、健全，所以，亲子之间父慈子孝，是家庭和乐的根本。

第二，夫妻以敬爱为本

男女结为夫妻，成为一家人，彼此应该互相敬爱，不能天天吵架，彼此怨恨，甚至经常你怪我、我怪你。所谓“不是一家人，不进一家门”，既然成为一家人，就要以情爱为根本，也就是要你爱我、我爱你，你尊敬我、我尊敬你，你帮助我、我帮助你。能够互相谅解、互相体贴、互相亲爱精诚，这是夫妻相处的根本。

第三，长幼以谦恭为本

一个家庭里，有时候兄弟姐妹人口众多，伯叔长辈等亲人眷属的关系也很庞杂。这当中彼此应该如何相处呢？最重要的是长幼有序，所谓“兄友弟恭”，彼此之间能够谦让恭敬，这是长幼之间的相处之道，也是人伦秩序的根本。如果一个家庭里长幼失序，辈分混乱，晚辈不受爱护，长辈不受尊敬，甚至下对上悖逆无道，则家庭生活就很难维持正常了。

第四，朋友以信义为本

人之所贵，莫过于明理好义，所谓“虚妄之言莫说，不义之人莫交”。所以，朋友交往，应该以信、以义，不能只是建立在金钱、物质上的往来，如果只是天天在一起吃喝玩乐，这种酒肉之交不能长久。真正的朋友要讲信、讲义，有信用、有义气，以信义为本的友情，才能历久弥新。

所谓“水有源，树有本”。有渊源，才能流长；有根本，才能茁壮，所以凡事要务本。做事不能本末倒置，做人尤其不能忘本，不忘本，根基才能稳固，人生才能发展。

人要自知

世界上有很多人，每个人都有每个人的性格，每个人也有每个人的好恶，甚至每个人的思想、观念、想法、能力、专长、经历也有所不同。不管自己的长短、特色为何？重要的是“人要自知”。有自知之明的人，才能藏己之拙，才能发挥所长。所以，人要自知，有四点说明：

第一，人之所患，莫甚于不知己恶

人生最大的过患是什么？就是不知道自己的错误，不明白自己的缺点在哪里。人不可能十全十美，每一个人难免都有一些缺失、不足，所谓“人非圣贤，孰能无过；知过能改，善莫大焉”。一个人只要能够“知过肯改”，能够勇于面对缺点、改正缺点，就能不断进步，就能成为有用的人。反之，不知道自己的过失，甚至文过饰非的人，不敢面对缺点，则永远没有改进的机会，当然也永远不会进步，所以不知己恶，这是人之大患。

第二，人之所美，莫善于闻过能改

“子路闻过则喜，大禹闻过则拜”，自古圣贤听到有人指出自己的过失，都会欢喜接受，乐于听到别人给他的诤言。所谓“过则勿惮改”，只要能“闻过则喜”，就会改过，就能有成。反之，有的人喜欢护短，对于别人说到自己的过失，就好像抓到他的痛处。一个不知道改过的人，如何能有进步呢？因此，人生最大的美德，莫过于闻过能改。

第三，人之所贵，莫过于明理好义

人生在世，并非有权有势最好，世界上最好的是明理好义。所谓“闻义即从，常情所难；见义乐从，贤德所尚”。人只要明理，理路通，做起事来就会很顺利；人只要好义，义之所在，不落人后，必得人尊。所以，人生最可贵的事，就是明理，就是有义。能明理好义，可以说人生已经成功一大半了。

第四，人之所鄙，莫大于寡廉鲜耻

“树若无皮，不生华果；人无惭耻，会道至难”。人生在世，最为人所看不起的，莫过于寡廉鲜耻。一个不廉洁、不清净、不知耻、不知惭愧、不知改过向善的人，永远不能成功，终将为人所鄙视。所以，一个人要想成功，必须发奋；要能发奋，必须知耻。能知耻辱，必能成大器；人与人相处，不知道自己的缺失是一件很危险的事，不知道自己的长处，则是很可惜的事。尤其不知人之所患、所美、所贵、所鄙，则很难为社会大众所接受。

怎么样做人

所谓“做人难，人难做，难做人”。做事失败，可以卷土重来，但是做人失败，如泼出去的水，就难以回收了。因此，要把人做好，实在不容易。“怎么样做人”有四点建议：

第一，面部要有笑容

笑容是柔和慈悲的表现，也是人生的本钱，所谓“一笑泯千仇”，又说“一笑解千愁”，笑能化解愤怒、能缓和急务。有人以为学佛，一定要用很多金钱布施，用很多财富堆砌功德，其实，只要你肯给人一点笑容，就是对人间最好的布施，也是最好的供养。做人处世不要做“木头人”，要做“微笑弥勒”，笑容是世界上最诚恳的语言，时时面带笑容，能温暖人的心灵。

第二，说话要能柔和

有的人说一句话，就能让对方欢喜感动好几天，有的人一开口却立刻让人心情陷入低潮。所以，“会说话”很重要。说话要柔和，才能让人听了欢喜，愿意接受，也乐意和你往来交流，倘若满口狂妄之语，粗暴、不坦诚，那么，人家也就避之唯恐不及了。

第三，慈眼要看大众

人们常说“眼睛会说话”，眼睛会透露人的心态和精神力。愤慨的人，眼神里充满了憎恨、怨怼；悲伤的人，眼神里充满无奈、无助；充满信心的人，眼神里则充满自信。因此，要让人感受到你的善意，要用慈眼看人，即使看到不喜、不悦的人或事，也要慈眼以对，甚至不要只看一个人，要看到普遍的大众，让大家都能感受到一分被人尊重的感觉。

第四，心意要能包容

人与人相处，难免会有摩擦和误会，唯有包容才能冰释前嫌、成就一切。被人包容，显示自己的渺小；原谅别人，才能扩大自己，因此，人要有宽宏大量的气度，不但要容纳好人好事，对于看不惯、伤害你，甚至别人无心的错误，也要能宽容；心意有包容，才能享受喜乐的人生。

怎样做人？心中要有人。你无视别人的存在、轻视别人的价值，当然就难做人。

做个“全人”

俗语说:“吃得苦中苦,方为人上人。”做人其实倒不一定要做人上人,做人重要的是做一个智人、做一个正人、做一个善人、做一个好人,甚至做一个“全人”,这才是重要。至于如何做一个“全人”?有四点意见提供参考:

第一,痴人不可做,要做智人

人有时候因为愚痴、不明理,因此和人共事往来时,带给自他许多的困扰与烦恼。愚痴的人最大的弊病,就是自我执着,听不进别人的劝告,所以,再好的道理,对他而言也是“不可理喻”。跟这种人来往很辛苦,所以过去有人说:“宁可和聪明的人打架,也不和愚痴的人讲话”。因此做人要做智者,不要做痴人。

第二,邪人不可做,要做正人

俗语说:“正人说邪法,邪法也成正;邪人说正法,正法也成邪。”人的正邪,其影响不仅止于自己,往往造成团体的重大损益。例如一个邪里邪气的人,所言所行,乃至所发表的邪说谬论,容易导致别人思想中毒,其对国家社会的伤害,往往是历久弥坚,难以弥补的。所以,做人要做对国家团体有利益的正人君子,千万不可以做不受人欢迎的邪人。

第三，恶人不可做，要做善人

人的善、恶念头，在一天当中不知起伏轮转多少次，所以是善是恶，常常是在自己的一念之间。做人要做善人，不可以做恶人。在佛教讲，举凡好杀生、好偷盗、好邪淫、好说谎、好吃毒品，乃至两舌、恶口、绮语、贪欲、嗔恨、愚痴，这都是恶人。恶人到处受人排斥、舍弃，所以十恶之人应该转恶为善，要做善人。

第四，非人不可做，要做全人

佛经里，佛陀曾经教训弟子，不可以做五种不像人的"非人"。所谓"非人"，就是从外表看起来，虽然眼、耳、鼻、舌、身五根齐全，可是他的言行、思想、性格不像人。例如闻善不着意、应喜而不喜、应笑而不笑等，这就不像一个人。非人不可做，要做"全人"；"全人"是什么？就是有德之人，就是好人。

人，不可能成为十全十美的完人，但是只要肯忍耐，肯委曲求全，这就是"全人"。一个人凡事能往好处想，往善的、美的、积极面去为人设想，能做个正直而有智慧的善人，必能成功。

容人之量

语云:“泰山不让土壤,故能成其大;河海不择细流,故能就其深。”为人处世亦同,唯有宽大容物才能领导他人。所谓“水至清则无鱼,人至察则无友”“仁者待人,各顺乎人情,凡有所使,皆量其长而不苟其短。”所以,容人是一种美德,是一种思想修养,更是一种高尚的品德。有一首诗偈说得好:“将相头顶堪走马,公侯肚里好撑船,受尽天下百般气,养就胸中一段春。”容人之量,以下有四点说明:

第一,将相头顶堪走马

真正做大事业、有大成就的人,都需要有宽大的胸襟和容人的雅量,一个领导者的气度愈宽大,才能使众人归心,为己尽力。史学家班固说:“上不宽大包容臣下,则不能居圣位。”当年齐桓公不计管仲一箭之仇,反而用他为相,终而成就霸业;谏议大夫魏征曾劝李建成早日杀掉秦王李世民,后来李世民发动玄武门之变当了皇帝后,不计前嫌重用魏征,因此魏征为李世民出了不少治国安邦的良策,成就了史上的贞观之治。可见得身为将相领导者,固然要有知识、能力,但他的胸襟、气度更为重要,所以说将相头顶堪走马。

第二,公侯肚里好撑船

大丈夫能屈能伸,能大能小,能高能低,不但能容人之过,且能容人之长。刘邦云:“运筹帷幄之中,决胜于千里之外,吾不如子房;安国家,抚百姓,给饷银,不绝粮道,吾不如萧何;统百万之军,战必胜,攻必取,吾不如韩信。此三者,皆人杰也。吾能用之,所以取天下也!”可见得善于用人之长,首先要容人之长;刘邦因为有容人之量,而能统领天下,所以说公侯将相肚里好撑船。

第三,受尽天下百般气

一个人的气度、修养,必须经过各种试炼、考验才慢慢培养出来,所以纵使受尽天下百般气,历尽了各种的委屈,各种的践踏,不但不能有怨恨,反而要能包容他,如此气量自然能日夜增长。秦穆公不计恨走失的骏马被人吃了,反而赐美酒招待;楚庄王不怪罪臣下对自己妻妾的调戏,反而命大家扯冠带以助其脱困,他们的宽宏大量,无形中也救了自己一命。至今“秦穆饮盗马”“楚客报绝缨”仍为后世所传颂。

第四,养就胸中一段春

所谓“心中无事一床宽,眼内有沙三界窄”。一个人若能包容春夏秋冬不同的气候,那么四季的美景自然都在你的心中。而一年四季里,即使是春天的花草,也必须历经夏日的酷暑、秋风的凋零、冬天的寒霜,最后才能冒出新芽。因此,一个伟大的圣贤,愈是经过磨难,愈能成就其伟大的人格。

孟子说:“仁者无敌。”这个“仁”字包含了“包容”的意思。一个人的包容心愈大,其成就的事业也就愈大,所以,一个伟大的人,他必须有容人的雅量;你能容人,别人才能容你。而且不但要能包容各种人,还要能容人之长、容人之短、容人之功、容人之过。

做人的条件

有人说：做人难，人难做，难做人。其实，做人只要有原则，也不是绝对的难做人。以下提供六点意见，说明做人的条件：

第一，骨宜刚

一个注重道义的人，人穷志不穷，讲究的是要有骨、有气，所以骨骼要坚硬，挺起胸膛，正直无私，表现顶天立地的骨气。

第二，气宜柔

做人不要盛气凌人，不要颐指气使；做人要心平气和，要恕人如己。所谓“以柔克刚”，舌头是软的，但他比刚硬的牙齿耐久；一个性格温顺的人，到处都会受到他人的欢迎，都能给人接受，所以做人气宜柔。

第三，志宜大

一个人从小就要养成自己的志愿，儒家说“舜何人也，禹何人也，有为者亦若是”。佛教也讲“没有天生的弥勒，也没有自然的释迦”。一个人要想发展自己的未来，必须先要立定志向，要希圣希贤，要流芳百世，不可遗臭万年。一个人的成就有多大，端看他的志向有多大，井底之蛙，不知道有天下；自私的观念，不知道普利大众，所谓“有志者事竟成”，不能小觑。

第四，量宜广

做人气量不能狭小，有量的人才能容人、才能用人、才能处人、才能服人。小的器皿，只能装小的东西；大的器皿自然能装大的东西。天地虚空所以成其大，因为它能容纳万物，所以我们的度量，如果广大，包容得多，还怕不能成就吗？

第五，言宜谦

说话谦虚，态度诚恳，是做人处事的要道。人与人初见，表现才华自然重要；谦虚礼貌，更不可少。古人读书，在童年时期就要学习应对，所以想给人接受，谦虚、礼貌，尊重、包容，绝不能少。

第六，心宜诚

人和人见面，虽然初看外相，但是之后要看你的心里；如果你的心意不诚，虚浮傲慢，让人不能感受你的诚心诚意，你和人交往的当中，必定会失败。

有用的人

人，都希望成为一个有用的人。有用的人，即使接受一点小因缘，也能点石成金，做得轰轰烈烈；无用的人，就是赋予一桩大事业，到最后也会成为“无声息的歌唱”。怎样才能做个有用的人呢？有四点意见：

第一，要如松柏，耐得考验

一个有用的人，人生的境遇不一定都是一帆风顺，不一定都能畅所欲为。真正有用的人，反而都是从逆境中突围而出，因此更显其能量大于常人。就像松柏一样，要经得起岁寒霜雪的考验，才能更加蓊郁苍翠。所以，有用的人，要能经得起磨、吃得了亏、受得住苦；能够耐得了人情的艰难，忍得了世事的委屈，才能超越、升发，才能和千年的松柏相比论。

第二，要如根识，各司其用

人的眼、耳、鼻、舌、身、心，佛教称为“六根”。眼看、耳听、鼻子呼吸空气、舌头品尝咸淡等，彼此各有所司，各司其用。一个人不管在任何时间、空间，人我之间都能把自己运用得恰到好处，都能如观世音菩萨一样千百亿化身，这就是有用的人。

第三，要如盲跛，与人互助

世界上，不可能人人都是十项全能，也不可能每个人都是十全十美。但是人不一定要万能，只要肯能；就如一个人眼睛瞎了，或是腿断了，只要彼此合作，盲者可以背起跛子走路，跛脚的人可以指引盲者方向，大家互助合作，必定能够走出困境。所以世界上的人千万不能独断独行，须知人一定要借助于很多因缘条件，才能生存。因此懂得与人互助，才是一个有用的人。

第四，要如圣贤，不轻后学

“佛法在恭敬中求”，恭敬不一定是指下对上；“不轻后学”也是做人应有的尊重。一个有用的人，自许自己是圣人，是贤人；但是也要能不轻后学，才能得到别人的尊敬。所以真正的圣贤，不在于自己成就多大的事业，而在于能给人因缘、给人空间，有心量提拔后起之秀，这才是圣贤的典范。

一个人的有用与否，就看他能发出的能量大小。一个真正有用的人，要具备能大能小、能前能后、能冷能热、能饿能饱、能动能静、能有能无的性格与担当。

地球人

人，应该扩大自己的领域，扩大自己的世界，今天整个人类的思想，应该把地球看作是一个“地球村”。大家要做一个“地球人”，在地球村里，共同和平地生活，彼此携手合作，相互包容。

我到台湾弘法已届满50年，我这一生有三分之二的生命，大约半个甲子的时间都是在台湾度过，如果说我不是台湾人，我是哪里人呢？但是我在台湾并没有人承认我是台湾人；当我回到大陆，当地人又说我是台湾来的和尚。我走到哪里都不被认同是当地人，后来我安慰自己，我是“地球人”。这是我后来的觉悟，我不要做哪里人，只要地球不舍弃我，我可以做个地球人。至于怎样做个地球人？有四点意见提供大家参考：

第一，睁大眼睛，欣赏地球

当我们放眼看地球时，我们会发现世界是如此的广大，风景名胜千岩竞秀，万壑争流，芸芸众生和善地到处与人结识。做一个地球人，我们就应该睁大眼睛，好好地欣赏这个地球上美好的人事和美景。

第二，立定脚跟，走向地球

做一个地球人，不要把自己限制在小圈子里面，应该立定脚跟，走向地球；从各地的旅行游览中、从日常的见闻觉知中，了解到所谓的世界，不再是课本上生硬的知识，而是在日常生活中就能拥有的体验，不再是有形有相的空间，而是我们的心有多大，世界就有多大。

第三，展开双臂，拥抱地球

过去，每一个伟大的人物，他们都是胸怀宇宙，所谓“心包太虚，量周沙界”“宰相肚里能撑船”。因此，做一个地球人，应该要有开阔的心胸，当我们用双手来拥抱地球时，这个地球上所有的一切都是我们的，所有的事物都变得非常可爱，我都应该去帮助它，有益于它。

第四，佛光普照，享受地球

在这个地球上，阳光普照着每一块土地，微风吹拂着每一个角落，就像佛陀的慈悲与真理，平等无差别地普施给每一位有情众生。

所以，这个世界是非常可爱的，每一个人都应该好好享受地球上所有的阳光、空气、水分、土地，甚至各种生产，这是多么美好啊？何必一定要分我是哪一个地方的人呢？

随着科技进步，现代的交通便利，信息传播快速，整个世界朝向全球化发展，未来必然是一个地球村的时代。我们居住在地球村，能不“与时俱进”，做一个地球人吗？

现代人

过去由于经济建设落后、封闭，人们生活贫穷、困苦，为了追求自由、民主、富强、繁荣的生活，大家开始向往现代化。“现代化”即是已开发之意，这个名词代表了进步、迎新、适应和向上，不管国家、社会、宗教乃至个人，都随着时代空间、时间的转换，不断地寻求发展，不断趋向所谓的“现代化”。

到底怎样才叫现代？保持开放的态度，拥有一颗肯学习的心，就是现代。现代就是肯把心中的成见去除，随时接受新的观念、新的事物，拥有一颗积极向上的心，就能随时进步，做一个如鱼得水的现代人。因此，怎样做现代人？有四点意见提供参考：

第一，读通天下书，无书不读

你要做一个现代人吗？第一要多读书，不但要广读古今中外的历史，举凡天文、地理、艺术、文学等各种常识都要涉猎。因为处在当前多元化的社会，不能只懂一样，而要全面接触，广博之后再求专精，才能立足当代。所谓读遍天下书，方能“观古今于须臾，抚四海于一瞬”，因此，无书不读是做现代人的先决条件。

第二，行遍天下路，无路不行

古人云："读万卷书，行万里路，有耀自他，我得其助。"现代人也应如此，除了读书以外还要实地去了解文化、民情，以求取经验，取得临场感，感受每个国家、每个民族的思想、精神以及内涵。能够走遍世界的每一个角落，踏遍地球的每一块土地，那么整个世界都已掌握在你的心中，所以，现代人要走遍天下之路，无路不行。

第三，看尽天下人，无人不看

世界上有各式各样的人，白种人、黑种人、黄种人，这个国家的人、那个国家的人，贫穷的人、富有的人，美丽的人、丑陋的人，甚至士农工商各种职业的人；每个人随着不同的国家、不同的民族性格、不同的家庭背景、不同的职务、不同的外貌，而有不同的语言、习惯、信仰和生活方式。因此，作为现代人，你要看遍天下人，无人不看，这样你才能了解这个世间。

第四，经历天下事，无事不经

天底下的事情无奇不有，无论是平凡的事、奇妙的事、新鲜的事、困难的事……每件事最好都有亲身的经验，所谓"不经一事，不长一智"，经验就是最好的智慧。因此，出生在现代，要做一个现代人，就应该勇于尝试所有的事，要历经天下事，无事不经，才能成为一个现代人。

时代进步，不但科技现代化、知识现代化，举凡生活、思想，也在迈向现代化。在这个样样现代化的社会里，人要如何随着时代的潮流迈进而不会被淘汰？要如何做一个现代人？有人说：保持现状，就是落伍；进步不快，便会被淘汰。

处难处之人

学佛先学处世，能处难处之人，能做难做之事，才是真正会处世。古人循循善诱、谆谆教诲、有教无类，不放弃任何一个莘莘学子；菩萨则是千处祈求千处应，苦海常作渡人舟，不舍弃芸芸众生中的任何一个人。我们做人则应当学习古圣先贤的精神，难行能行，难忍能忍；做事，要做难做之事；处人，当处难处之人。关于怎样与难处之人相处？有四点意见：

第一，遇诈欺的人，以诚心感动他

当今社会，有很多人能欺则欺，能骗则骗，像电信诈骗针对人性的贪心和同情心来骗钱，怪力乱神的算命先生以人性的愚痴无知来敛财；甚至于很多的业者，以不实的广告、迷人的诱惑来推销产品、诈骗钱财。当你遇到这种欺诈的人，当然不能随他诈欺，不过你可以诚心诚意地教育他、感化他。

第二，遇暴戾的人，以和气熏陶他

对于暴戾之人，因为对方性情暴躁、乖戾，你便不能跟他一样，以暴制暴，否则只会让事情一发而不可收拾。因此，当对方暴戾时，你要更和气，以和平的心感化他、熏陶他，用平常心来影响他，使他去除暴戾的性情。

第三，遇奸邪的人，以忠义激励他

如果遇到奸邪、不正派的人，讲话邪知邪见，对国家没有忠心义气，与人交谈都是歪理、歪念；对于这种人，我们必须用忠义来激励他，以正气来摄受他，使他感受你的忠肝义胆、正知正见，这样他便有可能被你降服。

第四，遇恶性的人，以包容善诱他

有一些人，生来就是劣根性，不肯授教，像这样的人我们也不能舍弃他、不管他。过去在寺院的禅堂里，有一个恶习难改的人，大家建议将他开除，堂主却说：把他开除了，他回到社会上不是要让更多人受害吗？如果寺庙都不能感化他，又有什么地方能使他改过呢？所以遇恶性的人，我们更应该包容他，用慈悲来诱导他，使他心生惭愧，改过向善。

我们与人相处，不能只挑好人、良善之人；对于习气重的人、品行不良的人，我们也不能完全排斥。能以待己之心待人，以责人之心责己，则世无难处之人，亦无难做之事。

现代人的弊病

古往今来，所谓“法久弊生”，每个时代有每个时代的弊病，例如古人有传统社会背景下的包袱，今人也有现代生活背景下的弊病。虽然现在时代在进步，然而世道衰微，人心不古，人们的道德勇气不再，人们的礼义廉耻不再，剩下的只是人与人之间的隔阂与猜忌，这些人不但没有随着文明的发达而进步，反而养成了夸大不实、好高骛远、以逸待劳等现代通病。可以说，现代人的毛病横生，以下兹列举四点：

第一，鲁莽冲动的弊病

现代人最大的毛病就是行事冲动，行为鲁莽，做事情不经思考，不用大脑，毫无理智，横冲直撞，不顾一切，我行我素，因此到处得罪人。像这样的人，凡事没有经过仔细地研究，不重视过去的因缘关系，只要自己欢喜，什么都不管，完全不顾念别人的感受，这种自以为是的人，常使自己生活在懊悔当中，但往往下次他还是一样地鲁莽冲动，这就是现代人的通病。

第二，冷眼旁观的弊病

现代人没有从前农村时代的热情，对别人的好人好事，既不鼓励也不道贺；对于别人的求助求援，更是冷眼旁观；甚至于看见别人被汽车撞倒了，他也只是袖手旁观地看热闹，什么忙也不帮，唯恐惹上麻烦。像这种"各人自扫门前雪，不管他人瓦上霜"的态度，即使你吃了亏、受了委屈，他连说一句慰问的话、鼓励的话，都觉得为难。有人慨叹说，现在的社会科学发达、经济增长，但人情好冷淡，社会好冷漠，这也是现代人的通病。

第三，不闻不问的弊病

现代人有时候隔墙而住、对街而居，经过数十年竟然不相识，更遑论联谊往来、嘘寒问暖了。现代人的弊病，就是只活在自己的世界里，对于周围的人、事、物，不闻不问，漠不关心，不能守望相助，不能互相了解、体贴，对于世间的一切，好像都与自己没有任何因缘，也没有任何关系，大家都是单打独斗。这样的社会，虽然物质繁荣，但是每个人却都是一个孤独的个体，人际的疏离，造成精神上的苦闷，这远比坐牢还要可怜。

第四，无情无义的弊病

现在的人最严重的弊病，就是无情无义，为了谋求个人的争名夺利，一点也不讲究人情，更不注重道义，只是自私、自我地把利益看得比道义还重要，把个人的需要看得比人情还宝贵，甚至于为了维护个人的利益，什么缺德的事都可以做得出来，所以这许多毛病如果不能改善，社会难以健全。

人不怕有问题，只怕不知问题所在；只要能找出问题的原因，就能对症下药。千万不能逃避问题，乃至因循苟且，让问题一再存在。

人与事

世界上有人的地方就有事，说到“人与事”，有时候真是错综复杂，难于处理。但是我们每天又必须面对很多的人与事，那么我们应该怎么办呢？有四点意见提供参考：

第一，处难明之理宜平

人际间，很多争执、纠纷的发生，大都由于太讲理，所谓“公说公有理，婆说婆有理”，每个人都有各自的道理，对于别人的理，却又全然不听，因此各执己见。这个时候该怎么办呢？要用平常心来对待！曾国藩说：“心若不静，省身则不密，见理则不明。”所以，对于难明之理，要能心平气和才好。平心静气，不必着急，不必过分执着，慢慢来，道理总会有一个最后的公论。

第二，处难处之人宜厚

做人要厚道，厚道才能载福。宽厚之人，遇事不但可以化干戈为玉帛，还可以获得心灵上的宁静与安详。尤其是处难处之人，更要以宽厚来待他。因为有些不讲道理的人，你若得罪了他，他会跟你计较，甚至玩弄权谋手段来报复你，所以，与难处之人交往，一定要以宽厚来待他。

第三，处难做之事宜缓

事有大事小事、急事缓事、公事私事。事是一定要办，只是我们应该要有个先后、缓急之分。所谓“大事缓办、小事急办”，这个“大事”是指一些关键性的、影响重大的、难处理的事。而“缓办”，并不是故意缓慢地去做，更不是拖延不做，而是要小心谨慎，凡事从长计议，多方面观察研究，兼听各方意见，反复思考，即使有了决策计划，还要密切注意事情的发展，不时检讨、修订、重议原来的决策计划，这样事情才会圆满、成功。

第四，处难成之功宜智

智者做事，不以力取，但以智谋。尤其当自己无法超越对手专擅的领域时，更是需要靠智慧来取胜，如孙膑教田忌以迂回的方式与齐威王赛马。当时从整体上看，田忌的“马”力不如齐威王；但是他反转游戏规则，原本赛马是以势均力敌的观念对决，而孙膑教田忌将规则改为下驷对上驷、上驷对中驷、中驷对下驷，形成了二胜一负的优势。由于孙膑的足智多谋，使田忌以智取胜，赢得与齐威王的赛马。所以说“处难成之功宜智”。

古人云：“心体澄彻，常在明静止水之中，则天下无可厌之事；意气和平，常在丽日风光之内，则天下无可恶之人。”中国人一向重视道德修养，尤其在待人处事上，都讲究平心静气，借由养心来达到忍性的修炼，如此才能人事圆满。

做人的风仪

世上的人，有的人有钱，有钱人有有钱人的样子；有的人做官，做官有做官的派头；有的人为学，为学有为学的风仪。其实不管做任何一种人，都应该要有做人的风仪。关于做人的风仪，有四点看法：

第一，要有光风霁月的修养

“君子坦荡荡，小人常戚戚”，做人坦荡正直很重要。一个人心胸坦荡，为人正直，即使平凡，自有其磊落洒脱的风姿；这种光风霁月的修养，是做人应有的风仪。

第二，要有海阔天空的心胸

做人最怕心地狭窄、自私、愚暗，如此不但不受人欢迎，自己也很难走出去，所以做人心胸要像海阔天空一样，那才是做人应有的风仪。

第三，要有端严庄重的仪表

人不一定要长得多美丽，也不一定要行事潇洒，最重要的，要端庄正直、从容不迫。如佛教说的“行如风、坐如钟、卧如弓、立如松”，能有端严庄重的美好威仪，这是做人应有的风仪。

第四,要有玉振金声的言辞

做人,不但是身教,还要有言教,有时候要讲理、说法来开导别人,但是如果自己不善于言辞,别人也不能受你的影响。所以做人固然要有学问,还要有慈悲心,要乐于为人演说佛法;尤其讲说时还要不说则已,一说则“一鸣惊人”。能用玉振金声的言辞,让别人听了你的说法后如沐春风,欢喜接受,这是做人应有的风仪。

玫瑰虽美,却是短暂不实,因此人除了漂亮之外,还要把尊严、性格、气质、风仪、人缘等活出来。

对人与对境

人类是群居的动物，一切活动都与社会大众脱离不了关系，生活中的人事、处境，难免有起伏烦恼、境界考验。如何面对这些人与境呢？兹提供四点意见：

第一，对人要礼与让

常言道，这个世间"人情反复，世路崎岖"，我们要在这反复、崎岖之间处世，"礼让"是首要的功夫。所谓："行不去处，知退一步之法；行得去处，务加让三分之功。"若是两方相斗，会造成两败俱伤；若是两人相让，则两人都有所得；让步不一定吃亏，从礼让中，才能和谐双赢。

第二，对事要勤与明

现代人讲求效率与速度，要兼具"效率"和"效力"，就要勤且明。勤是积极上进，你能勤，就能掌握先机，就有多一分的因缘。勤之外还要能明，明理的人，想法周到，理路清晰，做起事来就能明快条理。一个有效率的人，办事能事半功倍；没有效率的人，则事倍功半；能力差的人，勤能补拙；懒惰的人，则好逸恶劳。你是哪一种人呢？

第三，对境要淡与转

境界有很强大的力量，有时候，境界能诱惑我们；有时候，境界能威吓我们，甚至可以转动我们，打倒我们，因此处“境”要能淡、能转。处顺境要能看淡，才不会得意忘形，处逆境要能转化，才不会沉溺谷底；对境要能淡，就能处理境界，淡然平静；对境要能转，就能转迷为悟，转邪为正，转错为对，转暗为明，这一转，所有境界皆在我的心里收放自如。

第四，对道要一与圆

道最要紧的是能始终如一。所谓“万法归一”“唯有一乘法，无二亦无三”“一师一道”，专一才能深入，深入才能有所体悟，看清问题。道也不是四方形，也不是一条直线从这里到那里，道应该是圆形的。圆的任何一点是起点，也是终点；球能滚动，也在于它的圆；因此，能圆才能无碍，圆才能灵活。一与圆的道，才能解决问题。

人在顺境时往往会得意忘形，所以在顺境中要警惕自我；人在逆境中常常会灰心丧志，因此在逆境中要奋勉向上。

以上四点提供我们在对人、对境时，有个方法参考。

人间学

白居易有一句话“长安居，大不易”，说明居住在大城市里物价昂贵，生活之不易；后人也有说：“居人间，大不易”，慨叹着人与人的往来酬对、进退把握、维护生存的不容易。既然我们生活在这人间，离不开周围人群，如何把这门“人间学”读通读透呢？以下有四点方法参考：

第一，穷途时不忘初心

人生路上，我们有时会感到穷乏困顿，好像走到了末路穷途。好比有的人为了事业冲刺，到后来却觉得困难重重；有的人发奋读书，最后实在苦不堪言，读不下去；也有的人为了爱情结婚，遇到柴米油盐酱醋茶开门七件事，才感到现实生活的折磨。无论在哪一种艰难困苦的时候，最重要的是“不忘初心”，不要忘记当初是怎么样发心的。例如你为什么从事教育，你为什么创办事业，你为什么结婚，假如你没有忘记最初的那个志愿，你就会从心中产生力量，不会被困难打倒。

第二，成功时不忘故旧

很多人飞黄腾达了，以为一切都是自己的成就。其实不然，是很多的亲友同事，很多的因缘成就，给你帮忙，给你助力，才能成功的。好比一场战争结束，要论功行赏；公司到了年终，也要发给奖金鼓励，感谢这许多员工同仁的协助。因此，如《论语》说：“故旧无大故，则不弃也。”一个人成功了以后，可不能忘了亲朋故旧。

第三，劝谏时不忘柔和

泥土要经过水流才能平坦，木材得用绳墨测量才会平直，一个人也要广纳别人的规劝，才能进步。当我们衷心要给朋友、兄弟，甚至父母一点规谏的时候，重要的是不要忘记用柔和的方式。柔和能让人承受得了，柔和能让人欢喜接受，柔和能让人备感尊重，柔和能让人铭记在心。所谓“以柔克刚”，那才能达到给人劝谏的目的。

第四，施舍时不忘尊重

我们发心布施，给人一些赞助、给人一点奖励、给人一些欢喜、给人一句赞美、给人一点安慰，乃至给人一点希望，给人一点祝福，都是十分美好的事情，但是千万不要把他当成以物易物的交换，而忘记去尊重对方。佛教里的“无相布施”，所谓“三轮体空”没有施者、受者、施物，彼此尊重，圆满了施与受之间最美好的关系。这才是真正的功德。

行走在这人间要求得和谐圆满，只有靠我们自己努力经营、广结善缘，才能获得安乐。以上这四点“人间学”，可以作为我们的参考准则。

人与自然界的比量

自然界的山河大地、树木花草，与我们有十分密切的关系。你看，一天又一天，我们生活在这天地之间，山河大地无尽的资源宝藏，哺育我们的生命，又让我们欣赏、利用。所以说，我们和宇宙山河是分不开的。宇宙就是我，我就是宇宙，我们也可运用大自然来作为修行上的“比量”，把我们与自然界对比一番，很有意义，举出四点如下：

第一，我慢高于山岳

“慢”在这里是指轻蔑、自负。傲慢之人，无论本身如何不足，对方如何优异，在他眼中都是自己比对方好，因此没有进步的空间。经典里比喻“我慢如山高”，意思是骄慢的心高耸，好像山岳一样，目空一切。人一有了我慢，就看不清自己的缺失，以致低估别人的优势，造成种种烦恼、障碍。因此，在佛教中，将傲慢归纳于六种根本烦恼之一。

第二，戒德重于大地

宋朝大文豪苏东坡，一向自视甚高，有一次，他想试试玉泉禅师的心境，于是装扮成达官贵人去见禅师。禅师上前招呼他：“请问高官贵姓?”苏东坡立即机锋回答:“我姓秤,专门秤天下长老戒德有多重的秤!”玉泉禅师猛然大喝一声,然后说:“请问我这一声喝有多重?”苏东坡哑口,内心大服。《易经》里说:“君子以厚德载物。”意思是说,一个人德行操守上的功德庄严,好像大地一样,无法以秤来计。倘若想拿“心”来称他人,除非你本身的心境高过对方,否则是无法称量的。

第三,妄想多于草木

我们现代人的妄想杂念尤其多,用什么比喻较恰当呢?用草木可以做比喻。你说,大自然中的花草树木,铺天盖地、无量无边,想要一棵一棵去数,能数得出来吗?但是我们的妄想、杂念、烦恼,还要多倍于杂草乱木。但是,草木只要知其性质,就能成为治病的药草。

一次,文殊菩萨叫善财童子将“是药草的,采些回来”。善财不久后空手而回,他说:“遍大地皆是药草,请问菩萨要的是哪一种?”宇宙万物,无不是从我们的自性流出,只要我们能“降伏其心”,一切草木都成了最好的药方。

第四,意念疾于电光

什么是这个世界上最快的?有人说是“电”,也有人说是“光”,其实最快的是我们的“心”。心念的变化比风云、雷电、闪光都还要快。比方你人在台湾,心念一动:“我要到美国看儿子。”不要一秒钟,心即刻就到了美国;“我想要到世界屋顶、冰川海洋去游历!”霎时,心念已经到了高山海洋。更远一点,距离十万亿佛土远的极乐世界,如何能去得呢?经典说:“于一念顷,即得往生。”在一念之间,我们的心就可以到达阿弥陀佛的世界。心的妙用,不可思议,意念疾速,更甚于雷电闪光。